四十岁女人"返老还童"的青春密码

女人40
让自己更优雅漂亮

谭玲玲 —— 著

黑龙江科学技术出版社

图书在版编目（CIP）数据

女人40，让自己更优雅漂亮/谭玲玲著. -- 哈尔滨：黑龙江科学技术出版社，2016.5
ISBN 978-7-5388-8724-2

Ⅰ.①女… Ⅱ.①谭… Ⅲ.①女性—修养—通俗读物 Ⅳ.①B825-49

中国版本图书馆CIP数据核字（2016）第070595号

女人40，让自己更优雅漂亮
NÜREN 40, RANG ZIJI GENG YOUYA PIAOLIANG

作　　者	谭玲玲
责任编辑	梁祥崇
封面设计	柳思伟
出　　版	黑龙江科学技术出版社
	地址：哈尔滨市南岗区建设街41号　邮编：150001
	电话：（0451）53642106　传真：（0451）53642143
	网址：www.lkcbs.cn　www.lkpub.cn
发　　行	全国新华书店
印　　刷	北京嘉业印刷厂
开　　本	710 mm×1000 mm　1/16
印　　张	18.75
字　　数	240千字
版　　次	2016年5月第1版　2016年5月第1次印刷
书　　号	ISBN 978-7-5388-8724-2/Z·1305
定　　价	39.80元

【版权所有，请勿翻印、转载】

前　言

四十岁的女人，是最美的女人

岁月似乎真的是女人的天敌，很多女人害怕自己的美丽和健康在岁月的流逝中慢慢地失去，最后变成连自己都感到恐怖的老女人。可是，偏偏有许多女人一过40岁，就摆着一副反正青春不再，便任其外表、内在、品位甚至健康一并大打折扣的架势，认命地接受生命之花的凋零。

那么，我们要上哪儿去找救世主来拯救这些可怜的女人呢？从来就没有救世主，只有你自己才能救你自己！四十几岁，虽然是一个挑战多多、困难重重的年龄段，可是你人生中最美丽的时光也将在这之后的许多年里到来。

其实，美丽，与年龄无关；魅力，与年龄无关；爱，与年龄无关；健康，与年龄无关。这就是生活教给我们的真理。有人曾经这样问靳羽西："你认为女人的美丽与所谓的残酷的时间是什么关系？"靳羽西说："美丽与年龄无关。漂亮的女人是不可以有皱纹的，但美丽的女人不同，即使有皱纹，她依然美丽，而且是那种内外兼具的美丽。我对年龄并没有什么特别的感觉，像希拉里·克林顿，她并不年轻了，但看起来却非常美丽。"

那么，四十几岁的女人，究竟应该以怎样一种姿态生活呢？

由于人生已有了历练，于是，她们富有于心，成熟于智，懂得坦然地面对这

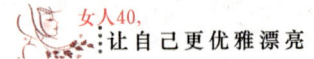

个年龄段，既不为过去惆怅，也没理由对将来迷惘。她们修身养性，使自己做到语调平缓、目光柔和、神态优雅、举止从容。

也就是说，40岁以后，女人的人生会更美丽。

四十几岁的女人多了一份平和与成熟。人到中年，肩挑两头，在家庭中处在"老"与"少"之间，既能体恤老人，又能关爱孩子；在单位里处在承上启下之位，于是容易换位思考，对上司不会太苛刻，对新人不会再排斥。四十几岁的女人是最好的平衡杆，因为她明白了"做人"比"做事"更重要，于是更注重事业和家庭的平衡，注重人际关系的平衡。不论是和家人相处，还是和同事共事，既有自己的主张，又有包容的雅量。在物质追求上，四十几岁的女人一路走来，明白了自己"想要"和"需要"的区别：人生有很多是自己想要的，其实并不是自己需要的，就如豪宅和钻石是大家都想要的，其实并不都是需要的，于是，四十几岁的女人学会了把想要的东西当成风景，只欣赏就行了。

四十几岁的女人多了一份从容和自信。曾经羡慕过别人的出身，曾经羡慕过别人的爱情，也曾经羡慕过别人的成功。走过人生的风雨历程以后，四十几岁的女人醒悟：出身无法选择，家庭和睦、家人平安就是幸福的；别人的爱情是浪漫的，自己的爱情却是真实的、持久的；别人的爱情是葡萄酒，光鲜而醉人，自己的爱情就好比白开水，纯净，却也有淡淡的甘甜。更明白了成功的真谛——对自己满意就是最大的成功。成功是自己今天比昨天进步一点点，是明天又比今天进步一点点。亲情和谐、身体健康、人际关系融洽、收入增加等，原来自己就是成功者啊！

四十几岁的女人多了一份优雅与自主。人到中年，事业在逐渐丰收，孩子在慢慢长大，属于自己的时间在慢慢地多起来，于是，在承担好社会给予自己的角色的同时，四十几岁的女人也给自己的生活注入了多彩的新元素：看自己喜欢的书，欣赏自己热爱的音乐，写文章，逛网络，练瑜伽，还可以邀上自己的好姐妹

前言

一起坐在音乐弥漫的咖啡厅，诉说着自己心中最美的柔情。四十几岁的女人在经历艰辛以后，学会了善待自己，给自己的心灵留有一块只属于自己的空间，任自己的思绪驰骋飞扬，让自己活在"自由自在"的心灵境界里。走过人生的大半里程，四十几岁的女人终于学会犒劳自己。

四十几岁的女人明白：日子是归我们自己管理的，生命的甘甜也靠我们自己来酿造。学会了欣赏自己，学会了犒劳自己，对家人、对同事、对自己的心灵更有一种体谅的态度，于是不再纠缠，不再争强好胜，不再盲目牺牲，自主、自乐、自信——四十几岁的女人绽放出迷人的光彩！所以，四十几岁的女人们，不必羡慕年轻，不必羡慕美貌，因为你们自己就是最成熟的美丽女人，你们本身就是别样亮丽的一道风景啊！

目 录

第一章 从"心"开始,做个幸福的女人

PART 1 放松心态,迎接另一个春天

女人40岁,乐观积极地迎接改变 …………………… 002
"心"病:岁月流逝的焦虑 …………………………… 005
正确面对一切,让心灵得到安抚 …………………… 009
平衡心态,平稳度过"多事之秋" …………………… 011
摸清自己的心理健康状态 …………………………… 012

PART 2 松绑心灵,拨开压抑的阴霾

为生命减压,从容带来好"心"情 …………………… 014
女人完全可以不那么失望 …………………………… 017
勇敢走入充满光亮的人群 …………………………… 019
决不让抑郁靠近自己 ………………………………… 022

第二章 美妆：除去岁月痕迹，带来恒久美丽

PART 1 女人40岁，更要"妆"出成熟魅力

简单淡妆，就可以让女人容光焕发 …………………028

化妆与护肤，一个也不要少 …………………………030

不同脸型有不同的化妆方法 …………………………034

你知道永葆青春的秘密吗 ……………………………037

三种方法，让40岁女人光彩四射 ……………………039

让秀发再现飘逸，你也可以 …………………………043

重塑迷人身材的小秘诀 ………………………………045

这些美容禁忌一定要注意 ……………………………048

巧妙应对，让褐斑跑光光 ……………………………051

PART 2 女人40岁，穿出独特的韵味

服饰，可以丰富女人的生命 …………………………054

良好形象是美丽生活的代言人 ………………………056

有自己的风格，便可魅力无穷 ………………………057

得体穿着，秀出女人的优雅端庄 ……………………060

40岁女人，不要这么打扮自己 ………………………064

美丽色彩让你无言胜千言 ……………………………066

小饰品，为女人的着装锦上添花 ……………………071

第三章　优雅从容地过好每一天

PART 1　非凡的气质与涵养，让生活更从容

自信，可以抵抗岁月对美丽的侵蚀 …… 076

高雅气质，塑造出新的美丽 …… 079

简化生活更能享受人生的乐趣 …… 081

人格独立才算精品女人 …… 084

成熟女人展现成熟的风韵 …… 086

女人40岁，开启"智慧模式" …… 089

女人味，一种独有的味道 …… 092

真正的好女人，是温柔的化身 …… 094

女人的宽容其实就是幸福 …… 096

善良带来快乐 …… 098

PART 2　提升品位，享受品质生活

品位，时间打不败的美丽 …… 102

内涵是女人最好的化妆品 …… 104

让女人长久美丽的秘密 …… 106

女人与音乐的暧昧关系 …… 109

在美妙大自然中感受自己 …… 112

有一种快乐叫作旅行 …… 114

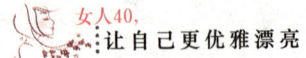

生活情趣，让女人朝气再现 …………………………… 117

女人提升品位不得不去的地方 ………………………… 119

女人打太极拳的好处 …………………………………… 122

做一个懂电影的女人 …………………………………… 124

欣赏地地道道的中国国粹 ……………………………… 126

沁人花香，调养情志 …………………………………… 128

第四章　在温馨的港湾里，演绎幸福人生

PART 1　打开婚姻的幸福通道

懂得婚姻的真谛 ………………………………………… 134

把美丽献给心爱的家 …………………………………… 138

用智慧去经营自己的婚姻 ……………………………… 140

以沟通传递真爱 ………………………………………… 142

女人的"十年之痒" …………………………………… 145

给对方一些自由的空间 ………………………………… 149

掌握化解夫妻矛盾与争吵的艺术 ……………………… 151

PART 2　尽情地享受"性"福时光

更年期不等于性爱告别期 ……………………………… 157

四十几岁的女人最"性"福 ······159
和谐的性生活是女性美丽的催化剂 ······161
不断制造新鲜感 ······165
学会制造浪漫的氛围 ······167
别陷入性的陷阱中 ······169
走出性爱误区 ······172

PART 3　勇敢面对情感的抉择

谁让感情在半路出了轨 ······180
不要做"覆巢"中哭泣的鸟 ······182
告别过去，重新开始 ······184
不要企图用婚外情来弥补缺失的爱 ······185
慎重选择生命中的第二个"靠山" ······188
提高再婚的成功率 ······189
别让往事冲淡了现在的幸福 ······192
坚强地过好离婚之后的生活 ······196
40岁的单身也快乐 ······198

第五章　女人，要为自己撑起一片天

PART 1　女人40岁，让事业绽放光彩

人生色彩需要女人自己去印染 …………… 204

跟上时代的脚步，不断提升自己 …………… 206

你完全可以爱上自己的工作 …………… 208

跳槽，当然要慎之又慎 …………… 211

生活和工作，可以和谐共处 …………… 214

如何在新领域开辟新天地 …………… 218

即使下岗也要卷土重来 …………… 220

PART 2　好人缘是女人一生的财富

社交给了女人展现自我的天空 …………… 225

良好的关系网，让女人左右逢源 …………… 227

用心呵护你的小圈子 …………… 231

做一个让别人信赖的女人 …………… 235

方与圆的变通交际艺术 …………… 238

第六章　为健康买单，维持女人持久活力

PART 1　女人要掌控好自己的健康

让生命在运动中充满活力 …………………… 244

吃出健康，吃出美丽 ………………………… 248

健身的误区，你知道吗 ……………………… 255

女人如何变成一个水嫩美人 ………………… 257

PART 2　积极防治，让病痛一扫而光

女性病：必须要摆脱的烦恼 ………………… 260

腰疼不是病，疼起来却要命 ………………… 264

骨质疏松症，不要来找我 …………………… 266

有哪些女性健康杀手 ………………………… 268

女人，有些"福相"要不得 ………………… 269

40岁以后，要守护好自己的心 ……………… 271

PART 3　女性如何平稳度过更年期

不可忽视的女性更年期 ……………………… 273

更年期女性有哪些变化 …………………………… 274
跨过绝经那道"坎" ………………………………… 277
迎接人生的另一个春天 …………………………… 278
如何判断是否进入更年期 ………………………… 279
更年期的心理调节 ………………………………… 281

第一章
从"心"开始,做个幸福的女人

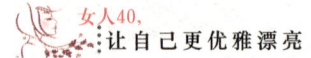

PART 1　放松心态，迎接另一个春天

▶ 女人40岁，乐观积极地迎接改变

人的身心必须被当作一个整体来考虑。所谓"思虑伤心，怒气伤肝"，思虑与怒气就是负面情绪，会危害身体健康。所以，四十几岁的女性除了要保养好身体外，也必须保健自己的心理。要维持健全的心理状态，最简单的方式就是采取正面思考，保持快乐心情。

女人一枝花的盛期

虽然女性身体在闭经之后已经没有生育能力，但这并不影响其他的生理功能，只要调养得当，更年期的女性一样是可以活力充沛、容光焕发、美丽动人的。

"女人40一枝花"，大多数女性到了这个时期，有了丰富的人生阅历，也因各方面经验的累积，散发出一种圆融的气质，因此更年期可谓是女人一枝花的盛期。一个健康而成熟的中年女性，洋溢着自信、乐观与内在美，自有特别迷人的魅力。

欢喜和痛苦的感觉都是会加倍的，以负面甚至逃避心态迎接更年期的人，会感到更年期症状更加痛苦难耐。请尝试着晒晒太阳、散散步，或转换

第一章 从"心"开始，做个幸福的女人

心情感受生活中的美好面。相信只要你能以积极的态度面对更年期，心情烦闷就去找宣泄的出口，感到身体不适就寻求改善的方法，你就一定可以乐观地迎接即将到来或已经到来的更年期生活。

怀有一颗感恩的心

愤怒、焦虑、嫉妒、怀疑等负面情绪会给人很大的压力，削弱免疫效果，降低人体原本拥有的自愈力。过多的压力会引起血管收缩、血压上升、血液循环恶化，这是形成血管阻塞的原因之一。相反，如果转化成正面思考，心里充满喜乐，凡事都能抱着感恩的心态，就可以促进脑部的活化，分泌出一种叫"脑啡"的有益激素，从而提高免疫力，使血液循环变得顺畅。

想让身体发挥原有的自愈力，强健的心是不可或缺的要素。我们平常就要锻炼自己的心灵，遇到不如意的事或发觉自己情绪低落时，要赶快转变思考方式，往积极的方面去想。而正面思考的最具体表现就是常怀有"感恩的心"。

受到别人的恩惠而感谢对方，这是很自然的事。我们每一个人都受到大自然的恩惠，才能自由地呼吸空气，获得水分和食物。这样想来，到处都充满了感谢的对象。

即使是看似负面的事情，但从另一个角度看，就成了值得感谢的事。比如生病是不舒服的事，但是如果采用正面思考的话，可以把它当成是身体发出的信号，是为了让人及时纠正不良的生活习惯，更好地对待自己；同时，也能通过亲身体验从而更加体谅别人。

一旦放宽心情，就会觉得身心整个都变得活泼起来。

不过分追求完美

要放松心情，除了怀有感恩的心之外，还有特别重要的一点是：不要过分追求完美，既不要对别人期望过高也不要自责。

有些人做事要求尽善尽美，往往因日常生活中的小事而怨天尤人；有些人给自己定的目标太大，期望值过高，根本无法实现，以致怀疑自己的能力，整日情绪低落。

更年期女性应该认识到，世界上没有十全十美的人，也没有十全十美的事，如果能做到既不对自己的处境愤恨不平、过分苛求，也不对他人期望过高、焦躁不耐，尽量做到心平气和地对待生活中的各种境遇，保持稳定乐观的情绪，对于心理和生理的健康都有莫大的益处。

增加生活的乐趣

最幸运的更年期女性，是及早为未来做好精神与生活的准备，趁儿女成长独立的时候，试着实现一些年轻时想完成而没能完成的理想，为自己创造一连串的新挑战，生活里洋溢着希望与兴奋，那些更年期的阴霾与不适，当然也就一扫而空了！

即使之前没有规划，也不要紧。拿出一张纸，列出你最想做的十件事，逐一去实践、检查是否已经达到这些目标，未完成的事项则要排出时间表，努力去实现梦想。

这些目标可以是年轻时想做却没有时间做的事情，比如旅游、欣赏艺术、学习外语等，能给生活带来无穷的情趣。

有一些更年期女性则积极参加社团活动和公益组织，加入服务大众的义工行列，给别人带来益处。"助人为快乐之本"，当沉浸在快乐的工作中时，不仅能忘却烦恼，还能在其中深深地体会到自己存在的价值。

亲情的支持与分担

家人的理解和体谅对更年期女性摆脱情绪障碍是非常关键的。丈夫要认识到更年期是女性的必经阶段，是暂时的，这一阶段的妻子更需要体贴、安慰和支持。在家庭生活中，可以主动分担家务，教育儿女关心妈妈，减少妻子的家庭负担，让她感受到自己的关怀。平时也要多与妻子沟通交流，引导她的情绪往积极正面的方向发展，从不良情绪中解脱出来。

儿女也要给予妈妈关怀和理解，比如经常陪她去锻炼身体、欣赏艺术，主动帮她做点儿事，倾听她的诉说并用幽默乐观的话语给予回应，当然也要保持自己的身心健康和积极向上的态度，这样能够让更年期的妈妈感到欣慰，从而减轻压力、放宽心情。

女性从45岁左右开始进入更年期，需要10年左右的时间才算是走过这个时期。更年期之后就是老年期了，前后加起来还有三四十年的人生要度过，如果这个时期的女人，能在身体与情绪上得到妥善的照顾，这将会是其一生中另一个春天的开始！

▼ "心"病：岁月流逝的焦虑

四十几岁的女人的不良心理反应因人而异，有轻有重。一般来说，条件优越、生活富裕和社会地位较高的女人，症状比较明显。四十几岁的职业女人，事业上小有成就，性格上极其要强，做事要求尽善尽美。但是随着岁月流逝，她们担心青春不再、红颜逝去，更担心在人才辈出的激烈竞争中失去优势，丢了手中的"饭碗"。这种过分的焦虑和担心使得很多四十几岁的女人提前进入了更年期。

有的女人进入更年期后，心烦意乱，干什么都打不起精神。坐在家里总是在想：自己已经变成"黄脸婆"了，人老珠黄，没有魅力了，面对外面的花花世界，老公会不会做对不起自己的事……于是，翻丈夫的皮包、衣袋，检查丈夫的手机，这种异常的举动，反而影响了夫妻感情。

也有的女人性格内向，多愁善感，常常担心丈夫会突然死去，孩子长大不孝顺，父母渐渐衰老，日后的生活孤苦伶仃、无依无靠……想来想去，患上了抑郁症。还有的女人在"更年期"撞上了孩子的"青春期"。现在家庭中，当母亲过了40岁，临近或已经进入更年期时，孩子则十几岁，多是中学生，开始步入或已经进入青春期。孩子朝气蓬勃，身心发展迅速，自我意识增强，性格独立、反叛；母亲日见衰老、焦虑易怒、缺乏耐心，"更年期"妈妈与"青春期"孩子的对立，自然使得母亲和孩子之间冲突不断，这也加重了更年期女人的心理压力和困扰。

农村女人较少出现更年期心理病症。据科学调查和临床观察发现，身处农村的女子，在更年期发生心理病症的比例相当低，差不多有80%的农村女人没有更年期心理病症。与农村女人相比，城市中的女人更年期出现心理病症的较多。分析发现，城市出现更年期心理病症的女人中，往往生活条件好的、受宠的女人容易患更年期心理病症，从而使更年期综合征也显得严重和明显。

分析原因我们可以看出，更年期综合征严重与否与人的心态很有关系。农村女人埋头劳动，生活担子较重，没有太多的余暇来考虑自身的问题，也没有时间来疑神疑鬼；她们生活观实在、欲望淡泊，对人生要求不高，烦恼忧愁也就不会总是伴随她们；她们生活于大自然的怀抱中，身体受益于新鲜空气和食物，环境不良影响较少，不适感和病痛也较少，所以心理容易处于较健康状态。这些是她们不易得更年期心理病症，从而也较少有严重的更年期综合生理病症的关键所在。

相反，城市里生活的女人，承受的社会生活压力大于农村女人，生活条件好的、受宠的女人由于容易过分关注自我，总会感觉不适、不满，容易担心自己变老、失去优越的生活或被丈夫所不喜欢，忧愁多于他人。有些女人烦恼经常缠心，欲望总是得不到满足，很容易变得患得患失，这就会导致身心负担过重而得疾病。有些四十几岁的女人则是由于一生过于顺利或总是受宠，心理上已离不开他人的关怀，所以稍有不适就觉得不得了，表现得很严重，以此赢得他人的加倍关爱、注意和照顾。

一般身体差的女人，身体适应能力差一些，四十几岁以后出现的身体衰退迹象会明显一些，如更年期易出现的冒汗、潮热、头疼、心慌、四肢无力、遇事容易缺乏耐心等症状，需要特别关注和细心调适。但对大多数身体健康的女人来说，更年期其实不会成为一种病症，它只是一个身体变化过程而已，过分重视反而会导致疾病出现。

更年期女人常见的十大心病

更年期的到来，使很多女人最容易出现心理障碍。以下这十大心病应当及早预防：

（1）对自己认识不清

职业进展到一定阶段，很多更年期女人反而对自己的认识模糊了。有的女人会在机会面前瞻前顾后，犹豫不决；有的女人会过于追求变化，而放弃有发展前途的工作。

（2）年龄恐慌

近年来，由年龄而产生的心理恐慌在女人中弥漫开来，她们面临随时被老板解雇的危险，又因年过35岁而被众多招聘单位排斥。

（3）心理疲劳

随着阅历的增长，更年期女人对工作的新鲜感逐渐减少，不少人出现了莫名的疲劳感，这种来自心理的疲劳感会使工作效率降低，也会削弱职业女人自身的竞争力。

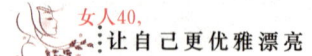

（4）寂寞

尽管生活和工作繁忙紧张，可是一旦停止忙碌，尤其在夜深人静的时候，就会从内心涌出一股渴望，渴望将生活中的烦恼、幻想和情感向人倾诉。

（5）自信心不足

当事业发展不顺利的时候，很多女人开始怀疑自己的能力，自信心受到了打击，工作成绩受到了影响。

（6）目标游移

许多女人爱跟别人比较，总觉得自己处处不如别人，这种来自内心的干扰容易使她们变得游移不定。

（7）知识陈旧

信息时代需要新型的知识人才，而这正是许多处于更年期的职业女人所欠缺的。

（8）观念跟不上时代

社会发展至今，许多观念已经渐渐被摒弃，但是一些更年期女人的思维模式还停留在上世纪。

（9）薪水缺乏

城市中大多数女人都属于工薪阶层，她们的收入仅仅能够维持中低等生活水平。然而，时代飞速发展，物质极大丰富，有些先富起来的人们过着奢华的生活，这强烈地刺激着城市中的工薪一族，以前那种城市人的优越感消失了，也无法继续安于现状了。生活在繁华都市的工薪族女人，耳濡目染着都市的物质文明和现代气息，时常感到薪水缺乏，囊中羞涩。

（10）紧张

四十几岁的中年职业女人是社会的中坚力量，是单位的业务骨干，是家庭的栋梁。她们上有老，下有小，在社会和家庭中都扮演着承上启下的角色。她们为事业、家庭和子女奔波，还要在领导、部下、朋友、家庭、亲戚等纵横交错的人际关系中角逐。她们承受的压力比较大，工作和生活的节奏也比较快，诸多的社会心理因素常常使她们处于紧张状态，有的学者称其为"职业女人紧张症"。

▶ 正确面对一切，让心灵得到安抚

谁不想拥有健康的心理呢？但健康的心理素质却不是凭空而来的。当你发现自己的心理存在不健康的因素时，实际上这些不健康的心理因素可能已经潜伏在你身上很久了。它不是一件你想要丢掉的旧衣服，只要脱下来往垃圾桶里一扔就了事了；它更不是一场突如其来的高热，只要吃点退热药就可以退去。对心理疾病来说，意识到它的存在和摆脱它完全是不相干的两码事，有的人可能终生被心理疾病困扰，有些人即使治好了自己的心理疾病，也依然长期被不健康的心理左右。只有心理健康的人，才能客观地、正确地认识自身及周围的客观环境，才能不断增长才干、积累知识、丰富自己的实践经验。

如何判断一个人心理是否健康是个复杂的问题，许多心理学家经过大量的研究提出过不少标准，其中著名心理学家马斯洛认为，正常心理应有以下10项标准：充分的适应力；充分地了解自己，对自己的能力做适度的评价；生活的目标能切合实际；与环境保持密切接触；能保持人格完整与和谐；具有从经验中学习的能力；能保持良好的人际关系；适当的情绪发泄及控制；在不违背集体利益的前提下，能做有限的个人发挥；在不违背社会规范的情况下，对个人基本需求做恰当的满足。

四十几岁的女性要想心理健康需要注意以下几点：

（1）正确对待自己

对自己要有正确的认识，人贵有自知之明，对自己的长处、短处都应有符合实际的评价。评价过低，就会缺乏信心，工作缺乏勇气和胆量，情绪消极低沉，自己的聪明才智得不到发挥。评价过高则由于对困难估计不足，失败在所难免，几经挫折会陷于痛苦之中；而且骄傲自满，目中无人，会使自己远离集体，处于孤独无援的处境，加重心理负担。

（2）正确对待别人的良好的人际关系

心理健康非常重要。因为一个人生活在群体之中，工作需要别人支持，困难需要别人帮助，失望需要别人理解，喜悦心情也要有人共同分享，忧愁和苦闷也须在朋友间进行倾诉才会得到排解，所以，要想身心健康必须善交朋友。

（3）正确对待环境

适者生存是生物进化论的基本观点，从这个意义上讲，能适应环境不断变化者为心理健康者。来到新的环境，需要建立新的人际关系，这些变化要从心理上接受、行动上适应。

（4）正确对待工作中取得的成绩

在工作中取得成绩，才能品尝到乐趣，工作中得到表扬，在荣誉面前不能沾沾自喜，骄傲自满，应把荣誉当作动力。

（5）正确对待挫折

只要工作就会有挫折，遇到挫折要及时分析原因，不要被挫折击倒，要学会放下包袱，轻装前进。

▼ 平衡心态，平稳度过"多事之秋"

心理平衡是保证身体健康的一大基石，也是我们健康安全地度过更年期的秘诀。

为什么保持心理平衡对处于更年期的女性朋友这么重要呢？我们知道，更年期是女性的"多事之秋"。临近或进入更年期后，许多女性会由于身体的不适导致性格发生大的变化，精神压力过于沉重；精神压力大又反过来加重更年期综合征的各种症状，这样就会形成一种恶性循环。有一天，精神崩溃了，人也就完了。所以，保持心态的稳定最重要。

怎么才能使自己保持稳定的心态呢？那就要正确对待更年期综合征，正确对待自己。我们要正确认识更年期只是人生道路上必经的一个阶段，更年期综合征不是什么了不起的大病。要调整心态，正确认识自己，不要觉得自己到了更年期就老了，没有魅力了，没用了，生命已经快到尽头了。其实，好多人是到了或过了更年期后才有一番作为的。所以一个人有用没用与更年期没有必然的联系，关键是要正确地认识自己，合理地给自己定位。

人对待生活的态度有两种：一种是积极、乐观地看待人和事；一种则是悲观地面对世界和人生。面对更年期，我们要采取积极乐观的态度，不要害怕，也不要焦虑，要积极地、有准备地去迎接它，多学一些保健的生理卫生知识，积极地配合医生用药。

还要注意锻炼身体，"生命在于运动"。此外，已经退体的女性朋友可以在社会、街道上多做一些事情，多工作、多交往，既发挥余热，也增强自

信心。

在更年期以前，女性受卵巢雌性激素的保护，动脉硬化很少；更年期以后，动脉硬化发展就会加快。因此，女性在进入更年期以后应该在医生指导下用小剂量雌激素进行替代疗法，对防止动脉硬化和骨质疏松有很好的效果。

▶ 摸清自己的心理健康状态

善于调节与控制情绪，心理学家指出：人的心理健康是战胜疾患的康复剂，也是获得肌体健康、延年益寿的要素。什么样的中年女性才是心理健康的女性呢？一般来说，衡量中年女性心理健康的标准有以下几点，对照一下，看看你是否处于心理健康的状态。

（1）善于调节与控制情绪

调节控制情绪包括受到一定刺激时要有合理的情绪反应。情绪随着客观情况的变化而转移，当引起情绪变化的因素消失以后，情绪反应也能逐渐消失；情绪稳定性好；心情愉快。一个心理健康的中年女性，应能保持行为动机与所达到的目的具有一致性，精神状态或情绪与行为是统一协调的。

（2）能保持良好的人际关系

保持良好的人际关系，是中年女性心理健康的重要标志。因为人际关系的好坏，不仅影响工作、学习和生活，而且还会影响一个人的心理，所以中年女性应掌握好人际关系的处理艺术，以增进心理健康。

（3）心理康复的能力较强

心理受到创伤后，能通过自我心理调整快速恢复到正常水平。

（4）对环境能充分适应

要想生活的愉快，心理就得随着环境的变化而变化，并且要尽快适应环境。

（5）有切合实际的生活目标

由于社会生产发展水平与物质生活条件有一定限度，如果生活目标定得太高，必然会产生挫折感，不利于身心健康。心理健康的中年女性能正确衡量自己，根据自己的条件，确立生活的目标。

（6）能与现实环境保持接触

与现实环境保持接触，是维护心理健康的重要手段。

（7）有充分的安全感

安全感是人的基本需要之一，如果惶惶不可终日，人便会很快衰老。抑郁、焦虑等心理，会引起消化系统功能的失调，甚至会导致病变。

（8）能维护集体，发挥个性

心理健康、品质高尚的女性，总是要尽自己的最大的努力来维护集体利益、爱护集体声誉，把自己和集体紧密联系在一起。

（9）能遵守社会规范，基本需求适当

遵守社会规范，是任何女性的行为准则。一个心理健康的中年女性，她的行为是不会超越社会道德规范的。

PART 2　松绑心灵，拨开压抑的阴霾

▶ 为生命减压，从容带来好"心"情

男女平等了，社会进步了，女性也登上了社会的大舞台，不再像从前那样在男性的庇护下过日子。女性在体验到种种与男性比肩所带来的成就感的同时，也承受着这个充满竞争的高速发展的社会给她们带来的压力。裁员，经济指标提高，职位的晋升……此外，孩子最近成绩下降了，老公近来回家晚了，婆婆过几天就要从老家来了……女性，似乎天生有着无穷的力量，足以应对社会给予她们的任何压力和考验。

真的是这样吗？那么，总也不肯消退的黑眼圈是怎么回事？眼角过早出现的皱纹是怎么回事？一阵阵莫名的烦躁又是为了什么？

在追求高效生产力的现代社会，人们不仅要在工作中承受这种高效率所带来的巨大压力，同时还要承受一个高度发达的社会环境给人们的生活所带来的压力。在这种情况下，许多人已不知不觉地沦为工作和生活压力的奴隶，而且长期处于紧张状态的身体也开始不断发出不和谐的抱怨。一项最新研究结果显示，当一个人由于工作和生活压力所迫而长期处于紧张状态时，其血液内有一种能够引发炎症的叫作IL-6的免疫蛋白的浓度会超过正常值。

第一章 从"心"开始,做个幸福的女人

研究表明,这种免疫蛋白与一些中年人易患的疾病如心脏病、糖尿病、骨质疏松症和某些癌症有关。研究结果还显示,紧张对人体健康产生的影响与人的年龄增长成正比,岁数越大的人,紧张状态对其健康所产生的损害也就越大。研究表明,那些需要长期照顾家中病人的女性的心理紧张程度和孤独感会持续很久。尤其是当久病的配偶去世后,这些女性的体内还会出现高量的有害因素。甚至在几年之后,她们身上的有害因素的浓度都居高不下。

以下是自我"减压"定律,希望各位四十几岁的女性朋友能通过这些方法而拥有一个轻松的心情。

1.学会举重若轻

人到中年,工作上的压力通常表现为所担负的责任多了也重了,生活上的压力则表现为膝下儿女要操心的事越来越多,家中老人的健康问题也越来越多。专家建议,在这种情况下,中年女性应学会"举重若轻",自己给自己减压。对自己的工作重任应以乐观的心理去对待,千万不要自己给自己增加压力。人们常说"工作是永远做不完的",这话并非没有道理。实际上,时时刻刻都挂念着工作并非一种理性的负责任的态度。因为从客观上讲,人所能承受的压力毕竟是有一定限度的。因此,光敬业还不行,还应讲究如何在保持自己身心健康的情况下更好地敬业。此外,中年女性对儿女的事情要放得下,不要对孩子的一切加以包办。从某种意义上讲,当儿女成人后,你放手得越早,他们和你也就越能早获益。

2.以平和的态度接受现实

人生如果真是一帆风顺,那我们的生活必将缺少很多挑战和乐趣,那样才真叫没意思呢!但是,话虽如此,每当生活中出现变故时,我们还是忍不住会紧张,担心失败,担心结果不如我们预先的期望。俗语"是福不是祸,是祸躲不过"虽说有些宿命论的色彩,但是却告诉了我们一个道理:对于无

法预知结果、又不可能影响其发展的事情，我们与其战战兢兢、坐立不安，还不如保持平和的心态，安心地等待结果的到来。而对于那些生活中固有的推脱不了的责任，我们则应该抱着"既来之，则安之"的态度去应对，避免内心产生紧张、焦虑的情绪。比如，有的职业女性在忙于上班、照顾孩子的同时，还要照顾家里长期卧床不起的老人，这样的事一天两天可以，但要长期坚持下来，需要的就不仅仅是对老人的爱和孝心了。其实，从护理长期卧床不起的病人角度来讲，护理工作有着一定的程序，并不会给女性带来太大的困难，让她们感到的压力往往是心理上的。因此，只要时刻保持一种平和的心态泰然处之，就不会把自己弄得精神紧张了。

3.学会"诉苦"

在遇到压力、遭受挫折时寻求安慰，是人的一种本能。而找个人诉苦则是一种最直接、最有效的方式。

（1）不好的诉苦对象

当然，一定要选择好诉苦的对象。有那么几种人是绝对不能作为诉苦对象的。

①跟你很熟但关系却疏远的人。你不知道他们听到你的诉苦后会怎么想、怎么做，也许人家对你的事压根儿就不关心呢。

②性格粗枝大叶，不乐于听别人倒苦水的人。他们会对你的诉苦"不以为然"，甚至觉得你是在无病呻吟，从他们那里，你是无法得到安慰的。

③人品欠佳、其心不善的人。他们对你的诉苦要么幸灾乐祸，要么到处向他人散播，就算假意安慰你几句，也只不过是走走过场应应景儿，其实他们内心早已迫不及待地为你的遭遇欢欣鼓舞了，你又何必自找苦吃，跟自己过不去呢？

（2）好的诉苦对象

有两种人是较好的倾诉对象：

①跟你走得很近，而且跟你惺惺相惜，会真心同情你的处境的人。他们会很认真地倾听，适时地安慰几句，甚至给你一些中肯的建议；即使他们口才不好，无法说出太多有建设性的提议，他们也会怀着真诚静静地倾听，让你觉得很舒服。如果你可以找到这样的人诉苦，那真的是很幸福的事。

②跟你很陌生，完全处在你的生活圈子以外的人，比如电台谈心节目的主持人。他们既不是你的朋友，也不是你的同事，说白了，他们对你而言就是路人，但是他们有一颗友善的心，可以使你毫无压力地诉说心中的苦闷，还不必有一丝一毫的顾虑，所以现在很多人会选择这样的诉苦对象。

当然，除了上面的方式以外，还有很多途径可以起到缓解压力、摆脱紧张的作用。比如写日记、找人聊天（可以不涉及让你感到压力的内容）、听音乐等。总之，有了压力就得找方法缓解，觉得紧张就要想办法放松。不然，一旦我们的内心承受不住，可是会出问题的。

▼ 女人完全可以不那么失望

人生不如意常十之八九，所以，失望也成了中年女性生活中的常客。当你为事情发展的结果而沮丧时，当你为眼下的状况而怅然若失时，你无法否认，你的心已经被失望牢牢地占据了。

有人说，失望是人生扯不断的缘分，因为人人都对未来怀着希望，也给自己定下了一个个目标，但并不是每个希望都能得到满足，每个目标都能实现，所以，失望自然是免不了的。

当失望频频地光顾你的时候,你有没有想过,也许你的失望根本是毫无理由的。在下一次真正陷入失望情绪以前,你不妨从以下三个方面来检讨一下你的失望是否有足够的根据。

首先,你的期望合理吗?

有句俗话说得好:"没学会爬之前,不要去学跑。"为什么呢?还没有学会爬呢,就想学跑,那结果是一定会令你失望的了。所以说,我们应该追求同自己的能力大小相当的目标。如果你对计算机一窍不通,却想要编写一个计算机软件,那就有点异想天开了,结果也必定是失望;你本来是成熟型的女性,却想让别人觉得你清纯可爱,结果一定会十分别扭,你想不失望都难。有时候,尽管你的目标同你的能力相符,但目标的实现过程受到客观条件的制约,结果不由你控制,也难免令你失望。比如竞聘某个职位,虽然你的实际能力已经达到该职位的条件,但符合条件的人可能不止你一个,领导经过综合考虑,觉得另一个人更适合该职位,于是你不得不面临竞聘失败的结果。这时候,你必须接受现实,承认自己的确有不尽如人意的地方,在以后的工作中努力改正它,然后定下另外的更适合你的目标,并朝该目标努力,这样,下一次的机会就不会从你身边溜走。

其次,你的期望是灵活的吗?

去电影院看一部你特别想看的电影,买票了,进场了,但电影院负责人突然宣布,由于某种原因,不得不改放别的影片。

尽管负责人再三道歉,并且承诺会找一个同样好的影片代替,但这毕竟有些令人失望。假如你执着于原来的期望,就会为影片的临时变动而顿觉扫兴、沮丧,没有了再看下去的念头,即使勉强把电影看下去,也会百般挑剔、情绪低落,更别说享受了。其实,你想看的那部电影,改天还可以再看,只不过迟些而已;现在放的这部影片,只要你认真地观看,也一定会获

第一章　从"心"开始，做个幸福的女人

得一些意外的惊喜，所以你完全可以先抛开你原来的期望，全身心地来欣赏这部电影。毕竟，为了这点小事破坏你的心情，而这又是不可能改变的事实，实在有些不划算。

当你的期望在实现过程中遇到了无法回避的障碍或暂时无法克服的挫折时，那你不妨降低自己的期望或转变自己期望的内容。

最后，你的期望来自互相攀比吗?

我们并不是要彻底杜绝互相攀比，一个人生活在社会中，如果从来不关注他人的状况，我行我素地生活，其实也很可怕，很直接的一个结果就是，人类不可能有进步，社会不可能有发展。攀比使人看到自己的不足，使人反省自己的过失，使人努力追求进步。当然，攀比的这些好处需要你真正看得到才行，如果你一跟别人比较，一发现自己的不足，就灰心失望、意志消沉或怨天尤人、心存嫉妒，那就没什么意思了。

现在再回头看看你原本的期望，你还觉得你有失望的必要吗？当然，失望代表了对现实的不满足，在一定程度上能激励我们追求进步，这体现了失望情绪的积极性。但是，失望之后，还得很快找到希望才行，不然，可是伤心又伤身呀！

▼ 勇敢走入充满光亮的人群

每个人一生中都会遇到不幸和挫折，当你面临这种处境时，最好的办法就是面对现实、积极解决，随着时间的消逝，你就会走出困境与不幸。

孤独是人生的一种痛苦，尤其是内心的孤寂更为可怕。而现实生活中很多四十几岁的女人却深受这种痛苦的折磨，她们远离人群，将自己内心紧闭，过

着一种自怨自艾的生活，甚至有些人因此而导致性格扭曲、精神异常。

有一个45岁的女士，5年前丈夫去世了，她悲痛欲绝。自那以后，她便陷入了一种孤独与痛苦之中。"我该做些什么呢？"在丈夫离开她近一个月后的一天，她向医生求助，"我还有幸福的日子吗？"

医生说："你的焦虑是因为自己身处不幸的遭遇之中，45岁便失去了自己的生活伴侣，自然令人悲痛异常。但时间一久，这些伤痛和忧虑便会慢慢减缓消失，你也会开始新的生活——走出痛苦的灰烬，建立起自己新的幸福。"

"不。"她绝望地说道，"我不相信自己还会有什么幸福的日子。我已不再年轻，孩子也都长大成人，成家立业。我还有什么地方可去呢？"她显然是得了严重的自怜症，而且不知道如何治疗这种疾病，好几年过去了，她的心情一直都没有好转。

其实，她并不需要特别引起别人的同情或怜悯。她需要的是重新建立自己的新生活，结交新的朋友，培养新的兴趣。而沉溺在旧的回忆里只能使自己不断地沉下去。

许多丧偶的四十几岁的女人总是让创伤久久地留在自己的心头，这样她们的心里怎么也难以明亮起来。实际上，只要自己能放下过去的包袱，同样可以找到新的爱和友谊。爱情、友谊或快乐的时光，都不是一纸契约所能规定的。让我们面对现实，无论是丈夫还是其他亲人过世，活着的人都有权利再快乐地活下去。但是，她们必须了解：幸福并不是靠别人来布施，而是要自己去赢取别人对你的需求和喜爱。

让我们看一个故事：

一艘游轮正在地中海蓝色的水面上航行，上面有许多正在度假中的已婚夫妇，也有不少单身的未婚男女穿梭其间，个个兴高采烈，随着乐队的拍子起舞。其中，有位性格开朗、和颜悦色的40岁单身女人，也随着音乐陶然自乐。

这位单身女人，也和前面提到的那位朋友一样，曾遭丧夫之痛，但她能把自己的哀伤抛开，毅然开始自己的新生活。

有一段时间，她很难和人群打成一片，或把自己的想法和感觉说出来。因为长久以来，丈夫一直是她生活的重心，是她的伴侣和力量。她知道自己长得并不出色，又没有万贯家财，因此在那段近乎绝望的日子里，她一再自问：如何才能使别人接纳她、需要她。

她找到了自己的答案，得使自己成为被人接纳的对象。她得把自己奉献给别人，而不是等着别人来给她什么。想清了这一点，她擦干眼泪，换上笑容，开始忙着画画。抽时间拜访亲朋好友，尽量制造欢乐的气氛，却绝不久留；不多久，她开始成为大家欢迎的对象，时常有朋友邀请她吃晚餐，或参加聚会，并且还在社区的会所里举办画展，处处都给人留下美好印象。

后来，她参加了这艘游轮的"地中海之旅"。在整个旅程当中，她一直是大家最喜欢接近的目标。她对每一个人都十分友善，但绝不紧缠着人不放。在旅程结束的前一个晚上，她的身旁是全船最热闹的地方。她那自然而不造作的风格，给每个人都留下深刻印象，大家愿意与之为友。

由此看来，一个孤独的四十几岁的女人，若想克服孤寂，就必须远离自怜的阴影，勇敢走入充满光亮的人群里。我们要去认识人，去结交新的朋友。无论到什么地方，都要兴高采烈，把自己的欢乐尽量与别人分享。

根据统计显示，大部分结过婚的女人，都比男人长寿。但是，一旦丈夫过世，许多女人都很难再创立新生活。

女人40岁以后大多以家庭为中心，并以家人为主要相处对象。她们对于独自生活，或追求个人的幸福，并没有什么心理准备。但是，如果不想让自

己孤独忧虑，就请记住：幸福不是靠别人来施舍的，而是要自己去获取别人对你的需求和喜爱。

▼ 决不让抑郁靠近自己

抑郁症是一种常见的情绪障碍性疾病，以心情显著而持久的低落为主要症状，并且伴有相应的思维、行为改变。著名心理学家马丁·塞利曼将抑郁症称为精神病学中的"感冒"。据统计，约12%的人会在一生中有抑郁体验。

诊断抑郁症并不困难，但是病人的表现并不典型，核心的抑郁症状，往往隐藏于其他心理和躯体的症状中，含而不露，因而容易导致医生误诊、失治，甚至酿成严重后果。

四十几岁的你有以下的这些体验吗？

◎人逢喜事而精神不爽。经常因为一些小事甚至无端地感到苦闷，愁眉不展？

◎对以往的爱好，甚至是嗜好，以及日常活动都失去兴趣，整天无精打采。

◎生活变得懒散，不修边幅，随遇而安，不思进取。

◎长期失眠，尤其以早醒为特征，持续数周甚至数月。

◎思维反应变得迟钝，遇事难以决断。

◎总是感到自卑，经常自责，对过去总是悔恨，对未来失去自信。

◎善感多疑，总是怀疑自己有大病，虽然不断进行各种检查，但仍难释其疑。

◎记忆力下降，常丢三落四。

第一章 从"心"开始，做个幸福的女人

◎脾气变坏，急躁易怒，注意力难以集中。

◎经常莫名其妙地感到心慌，惴惴不安。

◎经常厌食、恶心、腹胀、腹泻，或出现胃痛等症状，但是检查时又无明显的器质性改变。

◎无明显原因的食欲不振，体重下降。

◎经常感到疲劳、精力不足，做事力不从心。

◎精神淡漠，对周围一切都难以发生兴趣，也不愿意说话，更不想做事。

◎自感头痛、腰痛，甚至全身痛，而又查不出器质性的疾病。

◎社交活动明显减少，不愿与亲友来往，甚至闭门索居。

◎对性生活失去兴趣。

◎常常不由自主地感到空虚，自己觉得没有生存的价值和意义。

◎常想到与死亡有关的话题。

以上19条，假若有一条特别严重，或数条同时出现，就很可能是抑郁症发作的征兆，一定要提高警惕。

多数抑郁症患者还伴有躯体症状，如睡眠障碍、疼痛、乏力、胃部不适、食欲欠佳、心慌气急，以及各个系统的症状。隐匿性抑郁症患者往往没有情绪低落等典型症状，却以躯体不适为表现。其特点是症状虽多，却以头痛、失眠为主，尤其是容易早醒。此外，还有昼重夜轻的昼夜节律，以及春秋季节重而夏季轻的季节性规律，并多有焦虑情绪。另外，她们的月经期焦虑症状加重。

引发抑郁症的因素比较复杂，主要有这样几种：①遗传因素。如果家庭中有抑郁症的患者，那么产生抑郁症的概率就比较大。②生物化学因素。脑内生化物质的紊乱是抑郁症发病的重要因素。另外，某些药物也能导致或加重抑郁症。③环境因素。人际关系紧张、经济困难或生活方式的

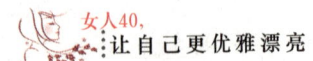

巨大变化，都会促发抑郁症。有时抑郁症的发生也与脑卒中等躯体疾病有关。④性格因素。遇事悲观，自信心差，对生活把握性差，过分担心的人很容易患上抑郁症。

抑郁症是一种危害很大的疾病。能导致患者丧失工作、学习能力，如果不积极治疗，还会造成精神残疾。另外，抑郁症患者有一半以上有自杀想法，其中20%最终以自杀结束生命。下面介绍四种抑郁症的自我疗法：

1.运动疗法

运动后可以给人一种轻松的感觉，有益于克服抑郁症患者共有的孤独感。但运动必须有一定的强度、持续时间和频率，才能达到预期效果。可做健身操、跑步、跳绳等，每周至少做3次，每次持续15~20分钟。散步也可以达到同跑步一样的效果，专家们建议患者每天步行1500米，并力争在15分钟内走完。

2.饮食疗法

许多医生认为，食物中所含的维生素和氨基酸对于人的精神健康具有重要作用。有专家认为，多疑症的人如果缺乏某种营养物质也能引起抑郁症，所以建议人们多吃B族维生素含量丰富的食物，如粗粮、鱼等。患者还可服一定剂量的复合维生素。

3.精神疗法

抑郁症患者往往是戴着有色眼镜来看待世界和自己的。为了改变这种错误观点，美国医学家提出了"三A法"，即明白、回答、行动。明白是指：首先要承认自己精神上忧郁；其次要注意自己的情绪变化，言行举止有无异常，以及思维的差别和身体反应等。回答是指：要学会每当产生一个错误时，就及时予以识别并记录下来，并给出一个较为实际的答案，其目的是在实践中检验自己的想法。行动是指：如果你在工作中不能得心应手，则应修一门课程来提高自己的技术水平,或者寻找新的工作。同时还要多计划一些活动,使自己的生活规律化。

4.交际疗法

研究表明,善于与人结交者比喜欢独来独往的人在精神状态上要愉悦得多,当遇到烦恼和挫折时,多和家人、朋友谈心、沟通,也是消除抑郁的良方。

第二章

美妆：除去岁月痕迹，带来恒久美丽

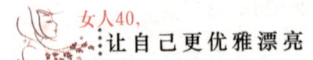

PART 1　女人40岁，更要"妆"出成熟魅力

▼ 简单淡妆，就可以让女人容光焕发

"面子"在女人的形象中占有很重要的地位，因此对女人来说，"面子问题"可谓天底下最重要的事情。四十几岁的女人，不必浓妆艳抹，只须掌握一定的化妆技巧，轻妆淡抹，就会达到很好的效果，为自己增添魅力。

化妆步骤

简单的几步，就可以让自己更加容光焕发了

（1）打粉底

在上浅色的粉底之前，先在脸上抹上薄薄一层肤色修颜液，然后再擦上少量浅肤色粉底，能使你的皮肤迅速白皙。

（2）眼部化妆技巧

第一步是施眼影粉。眼影粉不能直接抹，应在粉底的基础上施入。涂上以后，要尽量以棉棒涂抹均匀。第二步是画眼线。画眼线用力要均匀。第三步是上睫毛液。睫毛液一次不能上得过多，先上一遍，等干了之后再上一遍。

（3）秀出闪亮的睫毛

睫毛化妆能给眼睛带来神秘的梦幻般的感觉。在涂染睫毛膏之前，先要用睫毛夹把睫毛夹得上翘。涂上睫毛时，眼睛视线要向下看，睫毛刷由上睫毛的根部向睫毛梢边按边涂；涂下睫毛时，眼睛视线要向上看，睫毛刷要直拿，左右移动，先沾在毛端，再刷在毛根上，最后还要把粘在一起的睫毛分开。当每根睫毛都沾有睫毛膏，而且粗浓均匀，就达到理想的效果了。

（4）不同唇形的化妆技巧

厚嘴唇要先用粉底厚厚地搽一层，盖住原来的轮廓，然后涂一些蜜粉，再涂上口红。要使嘴角微微上翘。薄嘴唇在化妆时，要尽力表现出双唇的饱满，在画唇线时可以稍稍往外画一点儿，在上唇的中央画优美的曲线，使嘴唇显得丰满些。在涂唇膏时不要让原有的唇线透出来。平直的嘴唇要在上唇画出明显的唇峰，下唇的轮廓呈满弓形。涂唇膏时，上下唇的中间颜色要浅一点儿，唇峰的颜色要深一点儿，深浅过渡要自然，突出立体效果。

只要掌握了以上这些简单的化妆技巧，就会让自己的"面子"时刻保持光彩夺目，让自己的外在形象更加富有魅力。

不同肤色的化妆技法

不同的肤色，可以用多样的技巧来完善，达到你预期的美丽效果。

（1）白皙皮肤

白皙的皮肤较黑皮肤更易显出瑕疵，因此应用较浅色的遮瑕膏及粉底。将遮瑕膏分别点在眼睛、鼻子周围及颧骨等部位，小心按摩眼睛周围的肌肤；如果皮肤呈现出任何红色斑块，可改用有修改色调作用的修护粉底，用海绵把两者混合；在颧骨、面颊及前额点上粉底，涂抹后再扑上透明的干粉；眼部涂上亚褐色眼影，用柔和的古铜色胭脂扫擦颧部。

（2）深色皮肤

大部分深色皮肤有色斑，需要妥善处理。用比你的肤色浅两度的遮瑕膏，扫擦较深色或不均匀的部位；宜使用不含油脂的液体粉底，色调应该比

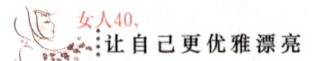

你的肤色浅；轻轻扑上透明干粉。对于黝黑皮肤，你可能需要用有色干粉，可抹上紫丁香或粉红干粉，增加暖色的感觉；然后抹上黄褐色或古铜色胭脂；以灰色或深紫色眼影美化明眸。

（3）橄榄色皮肤

橄榄色皮肤看起来灰黄疲乏，因此带粉红色的粉底可以令人精神一振。用遮瑕膏遮蔽瑕点，小心按摩；用湿海绵涂粉底。切勿漏掉耳朵部位，颧骨部分看起来要自然；用大毛刷施上紫丁香干粉，遍扫面及颈项各个部位；用干净的毛刷扫去多余干粉；用黑褐色或紫红色眼影，唇膏用玫瑰红色，令脸部明艳照人。

（4）雀斑脸

用浅色液体遮瑕膏遮掩阴影及瑕点，可将白色修护粉底液混合浅米色粉底，调成遮瑕膏，轻轻点在眼睛周围。

小心按摩眼睛周围的皮肤；雀斑皮肤只需要少许干粉。如果面部的雀斑显著突出，可以采用化眼妆的方法来转移视线，把他人的注意力吸引到眼睛上。眼线要贴近眼睫毛，用灰色及褐色眼线笔，这样看来比较自然，切勿使用黑色，因为会与浅色的皮肤形成强烈的对比。涂上黑褐色睫毛液，再用软毛刷涂上浅褐色睫毛液，令眼睛看起来自然柔和。用玫瑰色唇膏掺杂玫瑰水，使朱唇保持湿润。要使妆容自然，可用海绵块轻轻抹去多余的颜色。最后在面颊上施上锈色胭脂，使之艳光四射，引来羡慕的目光。

▶ 化妆与护肤，一个也不要少

"青春常驻，美丽长存"是每个女性的心愿，谁也不愿意岁月过早地在脸上留下痕迹。

一个女人在四十几岁的时候选择不化妆是不尊重自己的同时也是不尊重对方的一种表现，更是一种粗俗的表现。既不可浓妆艳抹，也不可有化妆后与卸妆后是判若两人的感觉。因为我们每天都是处在正常生活状态中，不是在舞台上，所以一定不要把妆化得太浓。生活妆最重要的是颜色，其次是手法。

生活中不化妆的人大多分五类：

A.根本不会化妆；

B.认为自己不适合化妆；

C.化妆了还不如不化妆；

D.觉得化妆与自己身份不符；

E.认为化妆会伤害皮肤。

您属于哪一类呢？

其实只要您的化妆与服饰礼仪的基本原则相协调，以及用色正确、化妆手法正确即可。以下便是化妆时各程序以及所需注意的问题。

卸妆

专家告诉我们，一次妆卸不好等于浪费十次美容的功效，即一次卸妆等于十次美容，可见卸妆对于我们保养皮肤的作用是不可忽略的。但大多数人都有这样的习惯，即只用一瓶卸妆液卸妆。其实这种习惯是不对的，因为眼部和面部的肌肤不同，因此卸妆的成分也有所不同。专用于眼部的卸妆液不含油分，其pH值和泪水相似，才能保证温和不刺激眼周。如果图省钱、省事，将面部卸妆液用于眼部，不但会刺激皮肤，还会造成面部色素沉淀、脂肪粒的生成。此外，卸除眼妆时一定要轻柔再轻柔，在棉片和棉签的帮助下来小心卸除眼部彩妆。

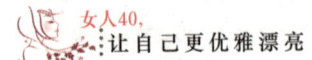

第一步：眼唇卸妆

用眼唇卸妆液卸眉毛、眼影、睫毛、口红。不用卸妆液，唇部的口红是卸不干净的，如果只用洗面奶来洗，时间久了，唇部的皮肤就会很快老化并且皱纹加深，所以绝不可每次吃完饭时只用纸巾来擦口红。眼影如卸不干净，时间久了就会有色素沉着，因此一定要用眼唇卸妆液。

第二步：脸部卸妆

由于空气污染、尘垢、油脂分泌、残留的化妆品等都会令皮肤变得不洁净，如果没有及时清洁或者清洁不当，便容易引起黑头、色斑、暗疮、皮肤敏感以及皮肤变黑、变黄等问题。

不要以为，洗脸只是一盆清水加一条毛巾这样简单，洁肤方法是否得当，将决定肌肤的健康程度，要用专业的卸妆液彻底去除毛孔深层的灰尘及残留的化妆品。

方法：洗净双手，取适量的面部卸妆液均匀涂抹于脸部，停留两三分钟，用指尖由内向外螺旋式轻轻按摩（注意避开眼睛，这样可以软化角质层），之后用湿的化妆棉片按照由下至上的顺序将其轻轻擦掉。这样才能卸掉脸上的粉底、灰尘，并起到深层清洁皮肤毛孔、保护皮肤的作用。

注意：并不是只有打粉底时才需用卸妆液卸妆，因为只有用卸妆液才能将脸上的残妆及皮肤深层的灰尘卸净，这是每天必须要做得。

第三步：洁面

用面部卸妆液深层洁肤后，再用洗面奶进行正常的洁肤程序（即用洗面奶洁肤）。由于肌肤油脂的分泌会随着季节的转换而变化，所以在不同的季节，您需要使用不同的洁肤用品。

方法：取适量的洗面奶让其成泡沫状，然后用泡沫洗脸，并用指尖由里向外螺旋式轻轻按摩（注意避开眼睛），清洁干净后再用温水洗净，最好是流水,最后用柔软的毛巾吸干水分,千万不能让水分自然变干,也不要拉扯皮肤,以免皮肤老化失去弹性。这样才算洗完脸。

护肤

1.眼霜

眼霜能起到延缓眼部皮肤衰老、防止眼部细纹和幼纹产生的作用,同时帮助消除眼周肌肤疲倦,促进血液微循环,让双目光彩明亮。

由于眼部肌肤没有代谢功能,很易长脂肪粒,因此有保湿功能又不油腻的水质眼霜才是首选。注意,眼霜早、晚都要使用。

对于有黑眼圈的人,如果黑眼圈不太明显,可以不太在意,涂上稍浓的腮红就可以使人忽略对眼部的注意。若黑眼圈较明显,可以涂上比皮肤稍亮些的粉底或遮盖霜,同时可用去黑眼圈的液体来敷眼睛。对于涂上粉底后仍然显眼的小斑点和雀斑,可以用细毛刷蘸取遮盖霜来掩盖,再扑上散粉即可。

提示:对黑眼圈、斑点和雀斑十分介意的大都是本人,事实上应用最佳色化上自然妆后会使人显得朝气蓬勃、光彩照人,完全可以转移别人的视线。

使用方法:直接用手将眼霜涂在眼周,并用无名指轻轻按摩,最好将鼻唇沟也涂上。

2.保湿

皮肤老化的主要原因是因为极度缺水。拍化妆水能起到深层清洁皮肤残余污垢和油脂,以及镇静皮肤和补水的作用,能迅速收缩毛孔,更能起到辅助吸收护肤品的营养以及平衡皮肤pH值的作用。

化妆水的种类很多,叫法不一,尽量选择纯植物不含酒精成分的为佳。选择时根据自己的皮肤属性而定。

注意:补水极为重要,早、晚都要用,每天大概要用10毫升。

方法:用化妆棉蘸取适量化妆水均匀地轻轻拍打脸部皮肤,注意避开眼

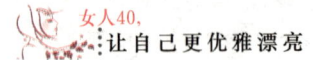

睛，每晚各拍3~5遍最好，只有这样才能真正补足水。决不可用手指蘸化妆水往脸上抹，这样既不卫生又得不到很好的补水效果。您做到了吗？（水不是涂的，也不是用力拍的，而是轻揉的！）

3.乳液

用无名指和中指蘸取乳液往上拍打，只有这样才能让皮肤充分吸收乳液的营养，滋润和延缓皮肤的衰老。晚上乳液要多涂，不要忘记脖子部位。

4.营养面霜

营养面霜在日间可以起到隔离的作用，可以补充营养成分。面霜类产品有很好的锁水功能，在晚间可以补充皮肤新陈代谢所需的养分。

5.隔离霜

隔离霜可以隔离外界不良物质，所以说隔离霜是不可缺少的。

暖色皮肤及皮肤发红的人适合用绿色的隔离霜，冷色皮肤的人适合用紫色的隔离霜。

6.防晒霜

一年四季都要用防晒霜，夏季用SPF25的防晒霜，冬季用SPF10左右的防晒霜即可。

▶ 不同脸型有不同的化妆方法

脸形不同，化妆的方法也不一样。四十几岁的女性，如何根据脸的特点去化一个适合自己的妆呢？这里向你介绍一些有效的方法。

（1）大脸庞化妆法

大脸庞的化妆须使用明亮色突出中心。化妆时，在脸部中央施以较浅色的粉底霜或粉条，在边缘部分则施以较深色的，这样，脸庞就会显得小一些。此外，头发可以采用包起来的式样，如蘑菇式、童花式等；着装宜穿有肩垫的衣服，使人视觉上产生错觉，感到脸庞与身材的比例更合适。

（2）长面孔化妆法

脸庞过长者宜使用腮红，以颧骨为中心横向刷，延伸至鬓，脸上较为饱满的地方则无须搽。额际横向施染渲影色，下颌也用渲影法使之缩短。强调眉、眼、唇等有表情的部分，描画锐角粗浓的长眉，并在眼角与眼尾横向涂一层眼影，擦染睫毛膏，使眼睛顾盼生辉；口红须涂得比嘴唇略宽，画出清晰的唇山与嘴角。如此，可使面孔看上去能宽一些、短一些，且给人以积极的印象。

（3）圆形脸化妆法

圆形脸的特征是脸短而颊部浑圆。化妆时，在脸部中央的额头、鼻梁和下颌前方抹上明亮色，相对地在太阳穴及双颊涂抹比肤色更暗的粉底，这样可产生立体感，有修长脸形的效果。画阴影须从脸颊后方向前由深至浅逐渐淡化，明、暗两色粉底交会处要色调柔和，以免出现明显的界线。

腮红不宜有突起的感觉，要有一股缓和之气；描眉的要领是取上升线，并画出清晰的眉峰，眉毛较短的可用眉笔将眉尾适当延长；眼影应从眼睑中央开始朝外且顺着眉毛方向刷，显出纵向长度；眼线尽量画在贴近上睫毛的地方，末端向上、超出眼尾；口红宜选用稍微暗淡的颜色，如橘色、米白色之类，更重要的是画出鲜明的唇山轮廓，不可给人以圆唇的印象。

（4）方形脸化妆法

额宽、颧满、下颌骨向左右横扩是方形脸的基本特征。方形脸的化妆要点是尽量改变棱角分明的形象，用阴影渲染，造成曲线柔美的感觉。眉毛宜微微上挑，呈长弧形，以褐色系为主色。眼部亦选用褐色眼影，显得自然柔

和；双颊以较深色泽由颧骨扫向眼窝下部的方向，加重腮红，使脸形看起来不那么方阔；下颌也以渲影色掩饰突兀、硬朗的线条，让下颌显得窄一些；唇部选用深色唇膏，要涂得丰润柔顺，避免锐角。

（5）菱形脸化妆法

生有菱形脸的人通常偏瘦，脸部没有多余肌肉，额头狭窄，颧骨高耸，下颌尖伸，整体轮廓过于刻板瘦削。菱形脸的化妆要点是将尖锐的线条改得和缓、柔顺些，以消除生硬的印象。眉形宜取舒缓的长弧状，强调眉头；在颧骨部分和下颌尖处刷入渲影色，鬓边和颊下则刷入匀明色，这样，突兀的颧骨和尖削的下颌即会在视觉上得以消减，同时，凹陷的额角和脸颊也能显得丰满。

（6）正三角形脸化妆法

正三角形脸的下半部阔而鼓胀，化妆时应尽量缩小下颌线条，在颊部刷入较宽的阴影，并延伸至下颌附近，使宽阔、饱满的下颌不致太明显；额头施以较明亮的色彩使之增宽，眼尾部分亦使用明色调的眼影；眉毛以画直为佳，末端微微上斜；口红曲线力求自然，尤其下唇要有分量感。

（7）倒三角形脸化妆法

倒三角形脸的脸幅较宽，但脸庞下半部即从面颊至下颌处较纤细。化妆重点是把过分瘦削的面颊改得丰润一点儿，以增加温柔与可爱感。选用深色腮红在颊骨部位横向刷入，如此可掩盖脸部阔度，同时用渲影色使宽额紧缩，用匀明色使尖削的面颊与下颌显得丰满；唇与眉取圆滑的弧形，眉毛成一个弧度往下，眼影亦向下涂成朦胧状态，睫毛膏在眼角处染得浓些。另外要注意的是色彩宜澄净明朗，勿用暗淡混浊的颜色。

（8）椭圆形脸化妆法

椭圆形脸是传统美人胚子最基本的条件。这种脸型的化妆方法是：用眉

第二章 美妆：除去岁月痕迹，带来恒久美丽

笔由内向外修饰眉形，再以棕色眼影在眼角部位上色，中间部分选用白色眼影，眼尾则涂刷灰色眼影以加重明眸的深邃感；腮红采用浅粉红色系，沿着颧骨扫向眼窝下部的方向；最后以唇线笔勾画出唇部轮廓，并用粉红色唇膏涂匀。椭圆形脸宜以褐、灰色做基调，但也可考虑深色系。要使脸部更具立体感，可在额际加少许腮红。

(9) 心形脸化妆法

圆额、丰颊、尖颌是心形脸的特征。心形脸的化妆法是：用深灰色的眉笔或眼影粉均匀地勾出眉形，然后以桃红眼影在眼角着色，以灰蓝眼影在眼尾上色，中间涂刷白色眼影作为亮点；腮红选用较深色泽的，由外扫向眼窝上部的方向，如此可使脸颊看起来狭窄些；唇部则以深橘红色为主色。

(10) 戴眼镜者的化妆法

戴眼镜的人最好采用较亮丽的化妆，眉毛应与眼镜框平行描绘，眼影不宜浓，要用与镜片相近的颜色，淡淡涂抹，达到梦幻般的效果；眼睛必须画眼线、涂上睫毛油，使其灵活、生动；腮红涂抹在眼镜框外，口红颜色应配合镜框。眼镜式样与色彩要精心选择适合自己的，这样才容易化妆。

▶ 你知道永葆青春的秘密吗

中年是女性的黄金时代。在这个充分积累人生经验的年龄段里，更应该让自己富有魅力与光彩。但是"人到中年万事忧"。尤其是女性，上有老人要赡养，下有孩子要抚养，这会让许多女性步入中年后，就觉得青春不再，韶光渐逝。当然，谁也无法拒绝衰老，如面部肌肉松弛、弹性减弱，额部、眼角开始显现皱纹，皮脂分泌量逐年减少，皮肤显得干燥，失去滋润感，或

出现色素沉着,等等。

中年女性虽然不像年轻人那样富有青春朝气,但具有丰满、端庄、稳健的美,完全可以把自己打扮得年轻而漂亮。以下就是中年女性让自己永葆青春的秘密:

1.如何缓解眼部皱纹

女性进入更年期以后,眼睛周围的肌肤显得特别细腻而娇嫩,而眼睛又是动作最多的器官,因此往往是最先受皱纹及肌肤组织松弛困扰的部位。最好选用滋润的眼霜,因为它能有效缓解眼周疲劳、缓解眼袋、消除皱纹。

2.如何防止眼部肌肉肿胀

人到中年,眼部肌肉容易肿胀或松弛,影响面部健美。以下几种防止眼部肌肉肿胀的方法:用浸透冰水的棉球或充有冰水的塑料袋放在眼部,或将两个金属汤匙放于冰箱,待冷冻后拿出,用汤匙背压在眼部松弛处;在每只眼上方放上一个浸湿的红茶袋,茶袋上放上一块毛巾,把茶挤压出让其浸入皮肤,持续几分钟,然后清洗面部;如果你在早晨醒来,眼睛有些发肿,可用一块冷水浸泡的毛巾压在眼部。

3.如何防止面部色斑

女性步入中年以后,由于体内新陈代谢减缓,体内毒素淤积,脏器功能失调,再加上紫外线照射、环境污染及精神压力大等影响,久而久之便形成各类色斑。所以,在日常生活中,要特别注意防晒,避免太阳光的直接照射。另外,在进行面部祛斑时,建议选购一系列质量上乘的祛斑化妆品。

4.如何防止唇色暗淡

随着年龄的增大,中年以后女性的嘴唇颜色一般较暗,缺少光泽。嘴唇的颜色直接反映一个人的美丽和健康状况,所以,应迅速采取措施,保护好自己正在受伤的嘴唇。当唇部出现干裂时,可先用热毛巾敷唇3~5分钟,然后用柔软的刷子轻轻刷掉唇上的死皮,再抹上护唇膏。

5.如何阻止下颌脂肪堆积

下颌对脸部的轮廓线条有着至深的影响。许多女性进入中年后由于变胖、发福,下颌也跟着堆满脂肪。下颌充满赘肉往往是由于肥胖造成脂肪堆积或肌肤松弛所致。所以,中年女性朋友每天要用两手的拇指轻按下颌5分钟,可有效阻止双下颌继续累积脂肪,但要持之以恒。

6.如何防止皮肤干燥

由于中年女性的皮肤内皮脂产生不足,从而导致皮肤干燥、缺乏润泽。只有及时地提高皮肤需要的湿度,才能使中年女性继续拥有丰满、亮滑的皮肤。保湿面膜的成分具有"锁水"和"增湿"效果,能真正提高肌肤的含水量。采用保湿面膜敷脸,能增强皮肤湿润度,使保湿更有效果。

▼ 三种方法,让40岁女人光彩四射

美容是女人一生都不会中断的事,对于四十几岁的女人来说,美容对她们的生活更为重要。因为不再年轻的她们,要想继续保持自己的魅力,有效的美容手段是绝不可忽视的。

下面就介绍一下四十几岁的女人美容的三大方法:

自然美容法

一谈及美容,大家就不免联想到昂贵的化妆品,其实,化妆品只能美化肤浅的表面,且因其中掺加了化学成分,对肌肤或多或少总有些损害。在此,介绍几种自然的美容方法,它们能使皮肤晶莹光滑且富有弹性,你不妨试着做一下。

1.清洁

可用鸡蛋清均匀地涂遍脸部和颈部，约过20分钟，等鸡蛋清完全干了后，以温水洗净。然后取大盆热水，把面部贴进盆内开始熏脸，用毛巾将头和盆覆盖住，避免热气散失，其作用是使毛孔扩张，促进污物自然流出，进行约10分钟便可停止。

2.收敛

取小黄瓜一根，切成薄片，贴满脸上，不但有漂白作用，且能收缩毛孔（尤其适合油性皮肤者使用），然后停止面部动作，静静休息几分钟，再以清水洗脸即可。

3.营养

取鲜柠檬、橙子，榨取其汁，加上适量的蜂蜜，调成果汁饮用，能养颜、助消化，使肌肤获得充足的营养。

4.运动

运动能保持肌肉的坚实与柔软。下颌的肌肉容易松弛老化，因此，平常应注意进行下颌的运动。一般而言，每天进行一次即可，方法是转动你的下颌，由左向右，然后再由右向左，动作2分钟便可停止，然后把嘴张大，让下颌下落，再把嘴紧闭起来，连续操作5分钟即可停止。

5.休息

每天要保证足够的睡眠时间，因为充分的睡眠是最好的美容方法。睡足之后，即使不化妆，你也已经是个容光焕发的美人了。

速简美容法

除了日常的清洗与保养皮肤之外，还应该做些有特殊效果的美容工作，使其看起来更柔美和光滑。现代的涂面法，能供给肌肤营养，可使肌肤清洁，并可消除肌肤上的细小皱纹。以下介绍几种经济简便的涂面法：

1.牛奶涂面法

牛奶涂面法很适合四十几岁的中年女人采用,使皮肤增加弹性,可消除皮肤皱纹。首先准备新鲜牛奶一小杯,并加入少许柠檬汁,混合后用来洗脸。洗完脸几分钟后,再以纱布蘸些牛奶,在面部上轻轻拍打,能达到护肤的效果。此法最好在临睡前进行,效果更佳。

2.柠檬涂面法

柠檬涂面法很适合四十几岁的中年女人采用,尤其是油性皮肤及脸上长有暗疮者,有特殊功效。取新鲜柠檬半个,榨汁后混合橄榄油,均匀地涂遍脸部,经过20分钟后用中性洗面奶与温水洗净,如果时间不允许的话,可直接用纱布蘸混合液来轻涂皮肤,亦有相同的功用。

3.蛋清涂面法

蛋清涂面法适合油性皮肤者,尤其对面部有小皱纹的人更别具功效。取鸡蛋一个去蛋黄,用打蛋器搅匀,不必加水,拿小刷子均匀地涂抹于面部,待其完全干后,用中性化妆水把蛋清洗掉,再以温水冲净,然后涂上含维生素E的面霜,立即就寝,如此便可消除脸上过多的油脂,并减少小皱纹的产生。

4.蛋黄涂面法

蛋黄涂面法较适合干性皮肤和皮肤特别粗糙者采用。取蛋黄一个,全脂奶粉两大匙,蜂蜜、橄榄油各一小匙,如肤色较粗黑者,不妨再加些柠檬汁,把以上材料混合搅匀,轻涂整个脸部,约30分钟后,再用温水清洗,而后擦点儿收敛性化妆水。

5.胡萝卜涂面法

胡萝卜涂面法适用于皮肤已开始松弛和老化并有小皱纹的女人。方法是把胡萝卜磨碎取其汁,用小刷子均匀涂遍脸部,几分钟后,待其完全干了,再用温水洗净。

6.热橄榄油敷面法

热橄榄油敷面法适用于特别干燥的皮肤,寒冷季节常用此法,可防止皮肤干燥老化。将橄榄油加热至37℃左右,取一块方纱布,剪出眼、鼻、口位置的洞,把它浸入油内;然后用面霜均匀涂在脸上,进行脸部按摩5分钟,面霜不必擦掉,把含有橄榄油的纱布覆在面上,约10分钟更换新的纱布。如此连续做5次后,以温水洗净,并涂上营养面霜就行了。

上述几种涂面法所用的材料,一般家庭均方便取材,只要能抽出一些时间来按部就班地进行肌肤护理,便可达到美容的效果。

蒸汽美容法

蒸汽能使皮肤毛孔扩张及软化,使其彻底排出污垢和油脂,并可加速血液的循环。经常采用蒸汽美容法,会使你收到意想不到的效果。其方法如下:

1.蒸脸器熏法

蒸脸器熏法是利用现成蒸脸器美容的方法,亦是最简便有效的方法。可在蒸脸器的专用杯子里,注入冷开水一杯,最好能再掺入少许的柠檬汁,然后一并倒入蒸脸器的容器中,通电后,待其煮沸。在等待水沸的这段时间里,可用清洁霜遍涂脸部,并加以按摩揉搓,待脸部肌肤柔软发红,便可取化妆纸拭去脸上的油垢。

此时,蒸脸器内的水已煮沸了,即可进行熏脸。用一条干毛巾覆盖于头上,可免热气四散,然后把整张脸靠近蒸脸器,紧闭双眼,用鼻子轻轻地吸气。约蒸2分钟之后,便可稍离蒸脸器,取化妆纸按压脸部,清除排出的油垢与污物,接着俯下脸再蒸,如此反复地进行几次,待蒸脸器内的水完全干后停止。蒸完脸立即用温水、中性洗面奶洗净后以冷水收敛即可。

2.沸水熏脸法

若你没有购置蒸脸器,可改用沸水替代。将沸水注入脸盆里,使用方法和蒸脸器一样。不过，这种用脸盆注入沸水的方法，较容易让蒸气扩散冷却，必须边蒸脸边不断地加入沸水才行，使用起来稍嫌麻烦，只要你有恒心、耐力定期施行下去，同样亦能收到预期的效果。

3.冷水加热蒸脸法

冷水加热蒸脸法比第二种方法简单，却和第一种方法具有同样的功能。先打上大半盆的水，置于炉上煮沸，炉火不可过大，要用温火慢慢烧沸，待整盆水发热冒气，就可进行熏脸了。但是，在熏脸的时候，不可太靠近脸盆，免得被烫伤。三四分钟后就应该关灭炉火，持续熏至脸盆的水冷却便可。

▼ 让秀发再现飘逸，你也可以

随着年龄的增长，我们的头发会变得稀薄，发型不如从前那么饱满自然，发质也会变得干燥。如果你以前总是折腾头发、频繁变换发型，而现在体内的激素分泌也开始变得不规则起来，那么上述情况可能更明显。如果头发的状况持续恶化，那么你应该去看看皮肤科的美容专家。你自己也可以选用一些滋润型的洗发水、护发素、发膜以及其他的美发方法，相信可以帮你恢复丝般柔顺的秀发。

断发

如果头发常常发生断裂，那么你可以用手指往头发里梳上一点儿发胶。用手指的好处就在于可以将发胶均匀、轻薄地抹于头发上，让乱发柔顺起来。

发根又白了

用黑色或棕色染料染发根，然后用睫毛刷或者旧牙刷刷匀染料。如果你的头发是金色的，那么可以找一把干净的睫毛刷，蘸上粉底，然后刷于发根处。也可以润湿一把眼影刷，然后往发根上刷与眼影颜色互补的色彩。

花白头发

如果你发现自己已经有几缕灰白的头发了，那么你可以通过挑染来掩饰。挑染是个不错的方法，好看又方便。就算新的白头发长出来也不会那么显眼，所以要比染全部头发效果好。在家里自己动手挑染几缕头发并不昂贵。不过除非你是个染发高手，最好还要有个经验丰富的朋友在一旁，否则自己不要轻易动手。你想呀，万一脑后的头发没染好那不就糟了！

暂停烫头发

如果烫发令你的发质大大受损，那么暂时别再去烫头发了。好好地理个发吧！只要将头发剪得富有层次、错落有致，保证你的发型立刻变得动感自然，连你自己都会大吃一惊呢！

头发过于干燥

可以往干枯的头发里抹一点儿深层滋润的护发素，停留10~15分钟，等待头发完全吸收。用洗发水洗头，护发，冲净，然后做造型。这层"发膜"可以有效柔顺发丝、保持水分，正如面膜可以让你的脸焕发神采一样，发膜也可以使头发焕发光彩。

头发稀疏

25%的女性在四十岁以后头发会变得稀疏，这也就是说有上千万的女性会遭这个罪呢。造成头发稀疏的原因可谓多种多样，比如滥用化学药品、美发操作不当、饮食不合理、不健康的生活习惯、先天原因以及激素分泌异常等。而这种症状毫无疑问会导致焦虑、缺乏安全感甚至是抑郁等心理问题。去医院治疗以及使用生发产品当然是很好的选择，不过除此之外，你还得注意下列事项才能更好地防止脱发、断发。

◎保持头朝下的倒立姿势，轻轻按摩头皮，这样可以促进发根处的血液循环。每天做一两次。

◎不要用某些洗发产品把头发垂顺得过分，看上去像把头发压下去似的。

◎不要把护发素粘到头皮上，因为护发素会阻塞毛孔，从而阻碍头发生长。

◎选用滋润发质、丰盈头发的洗发水。

◎如果头发营养不良，那么就要使用多种维生素。

◎如果某个发型需要把头发拉得过紧，那么这样的发型不做也罢。

小贴士

发型之妙

换个发型可以大大改善你的形象，可是，为什么在专业的发型师那里做头发总是比你自己动手要好看得多呢？建议你下次做头发的时候别光顾着看手里的杂志，多看看你的发型师是怎么为你打理头发的。请发型师为你示范具体步骤及动作。

▼ 重塑迷人身材的小秘诀

也许你看起来不如泰瑞·海切尔或是简·方达那么明艳照人（可有几个人能像她们那样魅力万千呢），尽管如此，如果你能够坚持天天锻炼（哪怕只是散步也好），同时合理饮食，多吃蔬菜、水果以及富含蛋白质的健康食品，那么就算你韶华逝去，相信也能保持迷人的身材。下面就教你一些小秘诀，希望能帮你永葆青春。

膝关节的皮肤护理

打网球、高尔夫球时膝盖频繁裸露在外面,那里的皮肤容易松弛。所以就要增强膝盖以上肌肉的锻炼,以促使皮肤紧致。弯曲膝盖、蹲伏或者练习瑜伽里的相关动作,坚持每周做2~3次,相信可以对你有很大帮助。

色斑

含有大豆蛋白质、维生素A等成分的美白产品能够有效去除色斑,只不过这至少需要3~4周的时间才能奏效。如果你的色斑长得比较多,那么还是去皮肤科听听专家的意见比较好,他们也许会推荐激光疗法、去疤手术以及其他的专门疗法。

皮肤鳞化蜕皮

取等量的蜂蜜与白糖混合,轻轻揉于手臂、腿部及皮肤残破处。也可以在淋浴时使用去死皮膏等产品。

粗糙的手肘与膝盖

手肘、膝盖以及脚跟等处的皮肤比较厚实,所以需要额外强化去死皮措施。临睡前在那些部位抹一些乙醇酸润肤乳液,第二天起床后就会发现皮肤柔嫩多了。

小贴士

肌肉变脂肪

女人一到四十五六岁的时候,每年就可能减少100克左右的肌肉,而同时则生出同样多的脂肪来。所以加强锻炼、注意保持体形对于这个年纪的女性来说是十分重要的。有氧健身可以有效逆转这个"肌肉变脂肪"的规律,同时还能增强骨容量。要知道差不多有50%的女性过了50岁之后骨容量会减少。

激素失调引发的头痛

在蒸汽房里坐5分钟,通常就可以有效地治疗头痛。你完全可以在自己家里营造一个蒸汽房:打开浴室里的热水龙头,离开浴室并关好浴室门,几分钟后就造好了。

胸部皮肤护理

胸部的皮肤比较薄,因而需要额外的滋润护理。绝经期前后尤其如此。要想给胸部皮肤做一个全面深入的滋润护理,你可以在脖子和胸部先抹一层润肤乳液,然后在上面再涂抹一层不带香味的乳霜或乳液。

裸露的脖子

记得抹防晒霜的时候不要只抹脸,也要抹脖子和手,还要注意保湿。选用含有植物激素的润肤乳来擦脸和脖子。激素是从植物中提取的,性质温和,可用于去死皮。

莫忘护手

我们总是细心地给脸部做好严密的防晒措施,可是怎么就偏偏忘记了我们的双手呢?双手总是暴露在阳光下,经受紫外线的照射,因而总会在不经意间泄露我们的真实年龄。选用一款SPF为15的护手霜。也可以在给脸上抹防晒霜之后,将多余的防晒霜抹到手背上。

心情遭遇低潮

如果你的心情真的很差,那么先坐下来,然后试着平复心情。倒几滴精华油(薰衣草能使心情平静,薄荷可以提神醒脑)到手掌上,混入些润肤乳液,调匀后涂抹于全身。精华油的芬芳熏香可以让你的心情逐渐好起来。

小贴士

臀部及腿部脂肪囤积,为之奈何?

如果仅寄希望于一颗神奇的药丸,想要迅速解决掉这一麻烦,那么可以很清楚地告诉你:这不可能。那怎么办呢?如果你有足够的决心与毅力,再加上一把好用的按摩刷,那么要想慢慢消除这些脂肪还是有希望的。在臀部及大腿抹上润肤乳液,用按摩刷使劲儿摩擦,每天坚持做5分钟。要知道,起作用的是你的按摩,而非所使用的乳液。你也可以用擀面杖在臀部及大腿来回摩擦,每天坚持5分钟。

偷得浮生半日闲

你的生活总是忙忙碌碌、压力重重,心里总是记挂着许多事情。偶尔,你也需要忙里偷闲,给自己放个小假。点一支熏香蜡烛,会有意想不到的效果呢!

▶ 这些美容禁忌一定要注意

女人们总认为自己在美容方面花了大量的金钱,就应该面若桃花、青春靓丽,然而却未能遂己愿,其实这正说明了她们对美容、化妆品和修饰技巧知识的极度匮乏。

第二章 美妆：除去岁月痕迹，带来恒久美丽

以下几点美容误区是我们需要在日常生活中注意的：

（1）用名贵化妆品就能消除面部斑点

有些女性面部长有雀斑、色斑、蝴蝶斑等斑点，为了消除斑点和由此带来的自卑、痛苦，她们往往不惜千金去买高级化妆品，殊不知这些所谓的养颜药品或昂贵的化妆品根本不能彻底消除黑色素细胞，反而可能产生无法控制的不良反应。

其实，除了遗传因素外，造成女性面部斑点的原因很多，其中最明显的就是紫外线照射。人体具有自我调节和免疫功能，如果护理得好，黑色素细胞会慢慢减退；反之，颜色会越来越深。

为了避免紫外线照射，很多女性选择尽量少出门，其实是没有必要的。因为诸如游泳、爬山等户外活动所带来的黑斑，一般渗透不到皮肤深层，过一段时间就淡化或消退了。

科学的方法是选择一种不含铅或含铅率很低的固体粉饼，这样既不会对人体造成伤害，还可以防紫外线。因此，女性朋友一定要养成化妆的习惯。

（2）香水抹在暴露部位既馨香又护肤

女性爱用香水，以为涂在面部、手部等部位又护肤又馨香，其实这是完全错误的认识。

香水中含有从植物中提炼的挥发油，若喷在暴露部位或易被太阳晒到的地方，挥发油中含有的一些特殊成分会与日光中的紫外线产生光化学反应，导致炎症和黑斑的产生。

另外，过频地使用香水会加速皮肤老化，使之失去光泽。

科学使用香水的方法是：有喷头的香水瓶，可先将香水喷洒在1米远的地方，然后整个人站到香水弥漫的地方，让香味浸透全身；不带喷头的则用手指涂抹，一般是在脉搏跳动的地方，比如：太阳穴、手腕、锁骨、足等部

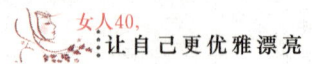

位，随着脉搏的跳动，香味分子受到震动，扩散会更快更彻底。

（3）长期使用儿童护肤品防衰老

很多女性喜欢购买儿童护肤品，认为可以延缓皮肤老化，且安全无不良反应，其实这是非常可笑的。女性的皮肤在25岁左右开始走下坡路，脸部水分比儿童少很多，因此用儿童护肤品尽管安全，但不能弥补自身水分。

（4）一年四季用一种化妆品

有的女性认为长期使用一种化妆品可以使皮肤起到适应、巩固、营养的作用。这实在是一种误解，因为随着季节和气温的变化，皮肤的属性比如干性、中性、油性等也会随之变化，护肤品应随着季节和气候的变化而改变才可达到最佳效果。

（5）沐浴过后及时化妆防褶皱

女性往往喜欢在浴后立即进行化妆，认为这样可以及时补充水分、滋润皮肤，而实际上，由于沐浴会使毛细血管扩张，化妆品中的细菌或化学物质极易侵入皮肤，造成感染。

因此，女性朋友应注意，在沐浴后一小时内不要化妆，待皮肤酸碱度和身体生理功能恢复后再化妆。

（6）护肤品越高级效果越好

商家利用女性爱美的心理，有时故意炒作以抬高天然化妆品的售价，从而使得很多女性朋友认为：价格越昂贵的天然化妆品，效果就越好，而天然化妆品当然不含刺激性化学原料。

但由于使用者皮肤的敏感度不一样，即使是天然化妆品，也未必适合每一个人。加上一些所谓的高档护肤品大多是有机物，有效期在3~5年，尽管加入了防腐剂，也容易滋生微生物。更何况有的化妆品在使用中混入了致病的细菌，极易对皮肤造成损害。

（7）每次护肤都去死皮

很多女性错误地认为经常去死皮可以排除毛孔深层的污垢，促使皮肤呼吸顺畅、保持嫩滑。其实根据细胞生长规律，每月只需做一次去死皮即可，因为死皮是皮肤角质层，也是皮肤的保护层，经常去死皮，会造成各种皮肤问题。

（8）每次护肤必吸铅

很多女性认为每天化妆，面部残留了太多的铅，因此，在每周的护肤程序上都要求吸面。其实，经常吸面，容易导致毛细血管扩张甚至破裂，使皮肤变得粗糙、感染而发炎。中性、干性的皮肤根本不用吸面，混合性皮肤每月最多只需吸面一两次。

女性朋友如果一直处在美容的误区，不注重科学的美容方法，就有可能会毁掉你的美丽，令你感到终生遗憾或痛苦。

▌ 巧妙应对，让褐斑跑光光

褐斑是女人美容的又一大天敌，为了使自己拥有美丽的容貌，治疗褐斑刻不容缓。

褐斑产生的原因

治疗褐斑首先需要了解褐斑形成的原因，褐斑的形成既有人体内在的原因，也有外在的原因。

1.皮肤新陈代谢低下

表皮新陈代谢旺盛时，细胞分裂也旺盛。新的细胞出现时，老细胞就会变为"老废角质"（即一般所称的污垢）纷纷脱落。但是随着年龄增长，

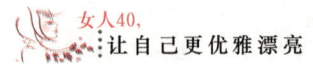

新陈代谢减慢,中年人的皮肤就不能像青年人的皮肤一样迅速地有新细胞产生,因此,色素也就沉淀下来。

大致上说来,皮肤在四个星期更新一次,但这只限于年轻时期,代谢功能衰退后,就没有这么快速地更换了。细胞分裂能力渐弱,表皮代谢周期渐长,色素便残留下来。

人到40岁之后,由于受到日晒,皮肤无法恢复原状,即"老化了",但是可以努力使其"恢复力"提升至顶点。

2.紫外线

紫外线会造成褐斑这是大家都知道的。紫外线本来能使皮肤健美,多做"日光浴"还可防止感冒,此为自古以来众人皆知的。但从美容观点来说,却会造成"褐斑",故还是不要多晒的好。日光既容易造成"褐斑"又有可能造成"日光性过敏皮炎"。

一些药品如降压药、止痛药、镇静剂、避孕药,以及化妆品中的防腐剂、色素、香料等均为造成褐斑的原因。

3.激素不平衡

很多女人产生褐斑是卵巢功能低下、在妊娠时雌激素失调所致。雌激素中的黄体为造成"褐斑"的原因。

4.肝功能障碍

肝脏为维持生命之重要器官,具有解毒、营养物的贮存与分解等作用。若肝脏功能低下就会使色素沉淀造成"褐斑"。

5.精神焦虑、不安

精神焦虑、不安对于身体有很大的影响。精神上的不安也会造成下痢、心脏作用不顺、失眠等症状,使色素沉淀。有些长有褐斑、雀斑的女人均是由于为小事而烦恼所造成的。若身体无异状却生褐斑,可能就是由于紫外线或精神上的原因而产生的。

治疗褐斑的方法

治疗褐斑主要有以下几种方法：

1.彻底洗脸

每晚要彻底洗脸，不要使化妆品残留于面部，若使底妆的色素残留，就会造成生"褐斑"的可能性。浓妆只限于必要场合，若在普通场合也过于化浓妆的话就会生成"褐斑"。

2.进行按摩

皮肤新陈代谢旺盛、血液循环良好，加上物理上的某种程度的刺激，能促进新生皮肤提早产生。生褐斑的地方只要加以擦揉、按摩，就会使褐斑渐渐变淡。

3.摄取维生素C

"褐斑"变淡时要多摄取维生素C，若同时摄取B族维生素则更理想。维生素C具有漂白作用，要祛除褐斑一日约要摄取1000毫克的维生素C，大约相当于吃几十个柠檬。但一个人是不可能吃那么多柠檬的，所以可多吃富含维生素C的蔬菜或其他水果，如草莓、橘子、黄瓜等，不要喝咖啡，应改喝柠檬汁或吃新鲜草莓。

由于皮肤不能直接吸收维生素C，因此必须由食物中摄取。内服维生素药剂也不错，由食物中摄取维生素C时最好选择生吃，因为食物加热后其中的维生素C就会被分解，使吸收效果变差。

4.防止紫外线照射

要防止紫外线照射，可在脸部涂上底霜，尽量使底妆稍变厚些，最好2~3小时后再重新做一次。

PART 2　女人40岁，穿出独特的韵味

▶ 服饰，可以丰富女人的生命

　　服饰是一种语言，它在女人开口说话之前，便替女人表达了自己。不同的服饰可以展示每个女人独特的魅力。

　　我们在生活中的每一种爱好、兴趣——特别是对服饰的选择，都凝聚着我们的个性和审美情趣。如果你是粗俗者，你的服饰便表现为粗俗；如果你文静秀气，你便会挑选文雅的服饰。不要埋怨别人"以貌取人"，你自己已经首先"以心定貌"了，如果你本来心灵高尚，那么任何粗布烂衫都难以掩饰你的光彩。所以，必须强调的是，高级的衣服不一定能体现你的美，简朴而干净的衣服也不一定遮掩得住你的风采。

　　因此，四十几岁的女人不要盲目追求奢华，当奢华的衣服和一颗浅薄的心相匹配时，表现出的是不成熟心灵的幼稚，并告诉人们它的委屈。这时候，服饰实际上在背叛你，它以相反的方式说话。

　　所有的女性都追求美。假如你希望通过服饰使你更美时，你只能先磨炼自己的心，多读书、多行善事、心胸开阔、有追求而不求回报。只有当你有一颗成熟的心时，服饰才能成为你最好的伴侣，并成全你。

第二章 美妆：除去岁月痕迹，带来恒久美丽

在西方国家，人们已经感觉到服饰的语言比谈吐更具表现力。

英国前首相撒切尔夫人就非常重视服饰语言。在政治上她被誉为"铁娘子"，但是她优雅的服饰及独特的发型给世界留下了美好的回忆，曾为大批女人效仿。菲律宾前总统科·阿基诺夫人也很重视服饰，当年她面临武装政变的危机时，除了考虑如何平息政治危机，她还特别注重在紧张的会议之间挤时间打扮，因为她坚信一个道理：强大的对手绝不会屈服于一个衣着不整、惊慌失措的女子。阿基诺夫人用庄重镇定的仪态与泼辣的政治手腕，征服了对手。

你的一生每天都在和服饰打交道，服饰可以成为你人生的助手，每天不断地帮助你；但也可能成为破坏你美好人生的罪魁祸首，给你带来失败。

你的服饰每天都在给你身边的人讲你的故事，你希望它告诉别人你什么样的故事呢？是不是一看衣服就知道你的生活每天都是乱糟糟的？你十分的懒散，对工作没有兴趣，对老公无精打采，在客户面前无法展现自己的强势，你看上去连自己都不喜欢自己？这样的女人是你吗？

你还是想告诉别人，你是一个热爱生活的女人；你的同事和朋友都很尊敬你，你也许没有超人的学历，却是一个懂得生活、有品位的女人，你身边的人都很喜欢你，周围时刻围绕着快乐的气息，你对人生充满了希望。

作为女人，时刻要牢记一点：服饰时刻在替你说话！你也可以通过服饰，把自己打扮成你想要成为的样子。

你想成为一位温柔兼严格的母亲吗？那么请带上小小的耳坠及耳环吧！这样孩子会比较听你的话一些。

你想在公司里取得更大的成功吗？穿单色的衣服会让你智商高出许多。

你想重温初恋的甜蜜吗？那么就穿上能修饰你体形及体现你个人风格的洋装吧，你能立刻成为你男人眼中的女神！

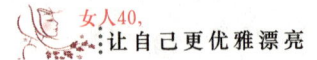

作为女人，你要牢记这样一条真理：服饰能丰富你的生命！

▶ 良好形象是美丽生活的代言人

很多追求成功的女性只注重培养能力，而忽略了对自身形象的塑造，结果必定会影响自己成功的进程。如果她们能静下心来，认真地树立起自己的好形象，那就好比给自己的人生打造了一块金字招牌，能够让她们在风高浪险的生命历程中从容地经营人生，从容地成就人生。

古代哲人穆格发说："良好的形象是美丽生活的代言人，是我们走向更高阶梯的扶手，是进入爱的神圣殿堂的敲门砖。"每个女人都应该明白：好形象如果能够充分运用，将有助于提升自己的魅力，促进自己的成功。

尤其是四十几岁的女人，千万别忽视了自己的形象，美丽的形象更是一种无形却有力的资本，充分利用它不仅能给自己的日常生活添色加彩，更有助于提升自己的影响力。

宋庆龄女士是全世界公认的伟大女性，她除了拥有崇高的品质、高尚的人格外，还具有美好的仪表形象。美国作家艾斯蒂·希恩曾在作品里这样描写她："她雍容华贵，却又那么朴实无华，堪称稳重端庄。在欧洲的王子和公主中，尤其年龄较长者的身上，偶尔也能看到同样的影响力。但对这些人而言，这显然是终生培养训练的结果。孙夫人的雍容华贵与众不同，这主要是一种内在的影响力，它发自内心，而不是伪装出来的。她的胆略见识之高，人所罕见，从而能使她在紧要关头镇定自若。同时，端庄、忠诚和胆识又使她具有一种根本的力量，这种力量能够消除人们由于她的外表而产生的那种柔弱羞怯的印象，使她具有坚毅的英雄主义的影响力。"

女人具有好形象，除了展示个人的气质风度外，更有助于提升自己的影响力。

每个人的形象，无论好坏，都是充满着独特影响力的。因此，形象是每个人向世界展示自我的窗口，向社会宣传自我的广告，向别人介绍自我的名片。别人从我们的形象中获取对我们的印象，而这个印象又影响着他们对我们的态度和行为。同时，每个人都在这个最基本的互动过程中追逐着自己人生的梦想，实现着生命的价值。

形象是一个人的招牌，坏形象会毁了你的一生，而好形象会令你的影响力迅速提升。

▼ 有自己的风格，便可魅力无穷

不是任何一件衣服都适合所有女人穿的。所以，不管你的气质是如何的高贵，不管你的外表如何的端庄，假使你没有找到呈现自己风格的诀窍，那么，你就不能真正展现最优雅的你。

可以说，风格是服装造型中最困难的也是最重要的一个环节。不少四十几岁的女人就是由于对这个环节缺少认识，因此不能给自己进行明确的形象定位。作为一个女人，首先要好好地思考一下：我想成为一个什么样的女人？是职场的精英还是渴望男人呵护的小女人？亦或是希望引起异性注意？接着再努力找到属于自己的风格。下面介绍四种不同风格的女性，你能够通过比较找到最适合自己的风格。

优雅型女人：男人的最佳伴侣

优雅型女人最具有女性特征。生活上，她们是典型的贤妻良母。性格上，她们温和、淑静，有小家碧玉的感觉。她们有着浓郁的女人味。她们柔而不媚，优雅又温婉，她们始终给男人细致可心的关爱与体贴。

她们通常都有这些显著特征：脸部轮廓和体形特征都偏曲线，柔软滑润的皮肤，温和亲切的性格，优雅丰盈的体态，即使声音和眼睛都是温柔舒爽的。

优雅型女性是男性最理想的伴侣。然而，并不意味着这个类型的女性就一定是依顺或软弱，她们常常最善以柔克刚，并且表现得极有耐心。

无论在什么年龄层次，优雅型女性总是尽显温文尔雅的本色，因此最适合曲线裁剪的款式和柔和的面料。服饰上应追求飘逸、女性化的风格。细致的套装、柔软的褶裙或荷叶裙、带花边衬衣、连衣裙等都十分适合这类型女性；丝巾对这类型风格的人将会起到画龙点睛或锦上添花的作用；发型也要追求飘逸和柔和；饰品应该选择女性化的、曲线型的，如花朵、圆圈等造型；化妆不可太浓，不要破坏你的柔和美。最忌讳中性打扮。

浪漫型女人：让男人着迷的女人

浪漫型女人最具女人味，她们的最大魅力就是"性感"。五官、身材、声音等都是迷人的、性感的。特别是眼睛总是含情脉脉会放"电"一样。

她们的五官、身材都是圆润的，凹凸有致和婀娜妩媚的，看上去非常柔软的感觉；骨架较小，看上去给人一种华丽、迷人、成熟、大气、还有那么一点"侵略性"的感觉。

浪漫型女性最值得注意的是怎样保持品位和装扮上的"度"。

一不小心，缺少了品位和失去了"度"，就可能给人以"从事不正当职业女性"的印象。

花边衬衣、大荷叶裙等都可以非常恰如其分地映衬出你的身体曲线；水滴、彩虹似的图案很漂亮，豹纹也是你能够驾驭的；休闲装不妨尝试一下裙裤配兔毛毛衣或蕾丝衬衣；化妆时应以双眼为重点，发型应选择柔和的卷发、波浪和长发，并且是你修饰的重点；丰满红润的嘴唇是你的又一亮点！

戏剧型女性：盛装晚会中的出彩者

先看一下我们熟悉的几位中外名人——凯瑟琳·赫本、波姬·小丝、茱丽亚·罗伯茨、毛阿敏、韦唯、蔡琴、斯琴高娃等，她们身上有哪些共同的特征呢？

她们是不是个子较高，骨架大或有骨感，五官分明、立体、夸张、大气呢？这类型的人就是戏剧型风格的人。她们看起来比同龄人成熟；比自己实际的身高要显高；不管出现在什么地方、什么场合，她们都有着强烈的存在感，让人不可忽视；她们很容易形成一个磁场，在那些华丽、隆重、盛大的场合下形成一个中心的焦点。

戏剧型女性由于自身强烈的存在感，在所有行业或领域，都可以跟男性一决高低。她们比其他类型的女性要强势，更适合成为一个领导者或是一个核心人物。

这类型的女性的装扮要稍显夸张。大开领的衣服、夸张的多层花边、男性化西装，以及皮毛一体等质感强烈的服装，都是最适合这类型女性的装束。

饰物要戴大个的，一切与众不同的就是适合你的，因此完全可以放心地去冒险尝试，在这方面，你有太多的优势。

尽情地去参加各种盛装晚会吧，它们是最能让你出彩的场合。戏剧型女性一定要避免中庸的、不成熟的、小巧的、没有个性的服饰。

古典型女人：最具"贵族"气质

端庄、大气、举止得体，有着贵族般气质的女人，她们始终都保持着整洁、规范、干净的着装与颜容，回避闲散和随意，发型也一丝不乱。她们成熟且高雅，追求高品质的东西，给人的第一印象是一定的距离感，这就是古

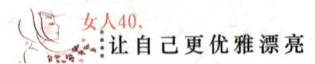

典型女人的典型风格特征。

古典型女人代表着正统派。她们五官结构偏直线，体形匀称、适中，以直线为主；整体给人一种传统、严谨、精致、端庄、高贵的都市成熟女性的印象。不少新闻主持人，都具有古典型人的气质和特征，这使栏目风格和个人风格相互协调，增加可信度和严谨性。

古典型女人能给男人在事业上最大的支持。她们理性、成熟，遵循传统的社会规范，家庭稳固，对自己的要求也很高。古典型女人最会花钱也最能花钱，这对丈夫的经济收入是一大考验。由于她们高贵、典雅的气质，以及精致、端庄的外表，决定了她们的服饰一定要考究、有品质，珍珠、宝石、翡翠、金银等饰品都一定是货真价实的。

古典型女人最适合穿套装，垂感很好的男式西装或夏奈尔西装，里面再穿一件丝绸衬衣便是最佳的装扮。发型可选择长发、短发、盘发或保守的烫发等，要简洁、整齐。鞋、包、帽等不需要别致、新颖，但可千万要有品位、有质量。化妆应细腻且不留痕迹。

这类型人从头到脚，不管哪个地方，只要稍微一疏忽，就很有可能显得太过朴素、精神萎靡，并凸显出年龄感。

▼ 得体穿着，秀出女人的优雅端庄

四十几岁的女人着装以整洁美观、稳重大方、协调高雅为总原则，服饰色彩、款式、大小讲究与自身的年龄、气质、肤色、体态和发型相协调，讲究与所处场合和时间相一致。具体地讲，就是必须掌握着装的四大要领：应己、应事、应时、应景。

1.应己着装

所谓应己,即要求在选择着装时要因人而异,使所穿服装与自己的身体条件相适应。

女人,根据自己的身体条件选择服装,才能扬长避短,充分展示个人的最佳形象。具体而言,应己原则应围绕性别、年龄、肤色、形体这四大身体条件展开。

然而服装的中性化趋势日益明显,许多服装不分男女,已成为男女的共同选择。更有一部分人崇尚男服女穿、女服男穿,俨然成为一种时尚。然而对于力求着装保守、规范的中年女性来说,是绝对不能追随这一趋势与潮流的。尤其在涉外交往中,更不能误认为这是外国时尚而"投其所好"。

不同的年龄对着装有不同的要求。四十几岁的女人,在选择着装时,务必要考虑到自己的年龄因素,使自己的着装与年龄相符。否则,便会不合时宜、贻笑大方。

所着服装还应与自己肤色相协调。尽管绝大多数中国人都是黄皮肤,但具体到个人来讲,肤色是同中有异的,因而对服装颜色也有着不同的要求。例如,肤色白净者,适合穿各色服装;肤色偏黑或发红者,忌穿深色服装;肤色黄绿或苍白者,宜穿浅色服装,等等。

人有高矮胖瘦之分,具体到身体各部分还有标准与不标准之别,这就是个人形体条件的差异。不同的形体条件应当选择不同的着装。四十几岁的女人,如果不注意自己的体形而乱穿衣,显然会闹出笑话。

2.应事着装

所谓应事,即要求根据自己所要办理的事情的不同而选择不同的着装,使自己的着装与所办的事情相配合、相呼应。

所办理的事情不同,就意味着所处场合的不同。不同的场合,着装应有

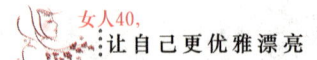

所不同；特定的场合，往往有特定的着装要求。不遵循这套规则，摆出"以不变应万变"的姿态，或者着装不分场合，不与所处场合协调一致，难免会招惹麻烦。

通常，在处理事情时，所遇到的场合可以分为以下四种：

普通场合：主要是指在办公室工作或是外出处理一般类型的公务之时。在这种场合，着装应当符合本公司、本部门的规定，在总体上做到正规、文明、干净、整洁。

庄重场合：主要指参加庆典、会议、盛宴、谈判、外事等庄严、隆重的活动。在这种场合的着装应力求庄重、高雅、严肃。在国外，按照礼仪规范，在这种场合应着礼服。

喜庆场合：通常指举办联欢会、舞会或游园会，参加婚礼、生日、节日或纪念日的庆祝活动，等等。这类场合大都充满热烈、喜悦、欢乐的气氛，因此着装应定位于时尚、潇洒、鲜艳、明快之上。但切勿做得过头，不可显得过于引人注目而脱离群众。

悲伤场合：一般包括出席葬礼、祭扫陵墓等场合。在这些场合，参加者往往心情沉重、悲伤，因此着装务必要素雅、严整。如果身着色彩艳丽或是标新立异的服装去参加上述活动，显然是很不得体的，是对逝者及其家属的不敬。

3.应时着装

着装必须应时。所谓应时，不是指追求时髦，而是要求着装必须与穿着的具体时间相吻合，不可不分四季、不分早晚地胡乱着装。

应时着装的原则通常包括以下三层含义：

与早、中、晚变化同步。在每天的上班时间与非上班时间，以及在非上班时间的不同时间段，都应有不同的服装选择。每天早晨散步或进行运动

第二章　美妆：除去岁月痕迹，带来恒久美丽

时，可以穿便于活动的运动服；中午在家用餐时，可脱去正装，穿上休闲服，好好放松一下；而在晚上欣赏电视节目或准备休闲时，则可换上睡衣睡裙，以求舒适、惬意。

与四季变化同步。在着装的选择上，任何人都必须随着四季的变换和气候的变化做出适当的改变，使着装冬暖夏凉、春秋适宜。

随着人们着装观念的变化，许多人在着装的选择上已不再受季节时令和天气冷热的限制。一般而言，人们应当尊重他人的着装选择，把着装看成是个人的私事，宽容对待。

然而在上班时间，不论上午下午，都必须穿着正式套装，以体现职业性。切不可如在家时那般随意自在，为追求舒适自然而一副休闲装束，这样会有损于形象，因小失大。

与时代变化同步。着装不应与时代脱节。不同的时代有着不同的着装习惯与特征。随着时代的发展，服装也在不断地更新换代、发展变化。应顺应时代发展的要求，在着装上体现出时代的特征。

尽管从服装本身的发展规律来看，不时会出现复古或超前的现象，但其主旋律却一直是与时代前进的步伐在大体上保持一致的。

当一个女人已达四十几岁时，着装固然要遵循"相对保守、朴素大方"的原则，从而给人以稳重可靠、沉着踏实的印象。但这并不意味着她的着装要落伍于时代，从而走向另一个极端，那样会让人觉得她因循守旧、冥顽不化。

4.应景着装

所谓应景，是要求在着装时必须考虑到自己即将出场或主要活动的地点，使服装尽量与自己所处的场合保持和谐一致。

在工作时必须身着工作装。穿着制服或西服套裙处理公务，会显得正规而庄重，能令人肃然起敬。如果穿着牛仔服、运动鞋或是网球裙去上班，甚至外

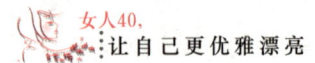

出办事,就会给人以不庄重的感觉,是绝不合适的。女人对这一点尤其应当予以重视,切不可将新潮、浪漫甚至奇异的户外装束"引进"工作场合。

如果你是高级职员,那就穿得体面些。职位越高,穿着越显重要;如果你是一般职员,那么不要穿那些不适于工作的业余服装。如果你为自己工作,那么不要胡乱穿衣,要穿质量过得去的衣服,让自己具有成功者的形象。

一套剪裁得体、质地优良、色彩和谐的服装,再加上恰到好处的饰品,瞬间塑造出一个风采出众的中年女性。着装之于女人,犹如绿叶,令国色天香的牡丹更显雍容典雅。

掌握好着装的学问,将使女人拥有一份难得的个人资本。

▼ 40岁女人,不要这么打扮自己

服饰是一种无声的语言,是一个人个性、品位甚至社会地位及职业的象征。很难想象一个把自己打扮得像七彩孔雀一样的四十几岁的女人,会赢得人们的尊重。而高雅、大方、得体的打扮,却能给人以成熟、稳重、优雅的印象。

对女人而言,能穿出自己的个性,又能通过服饰掩避自己体形的缺陷,是至关重要的。而这种个性美的塑造,是以强调个人体形的优点为目标,尽量利用穿着打扮来突出优点、掩饰缺点,绝不能为了赶时髦而不顾一切地胡乱装束。

对于四十几岁的女人来说,无论选择款式或色彩,总的意图都要能显示人体美,或者通过款式的设计来弥补自己体态的不足,使整体形象接近完美。具体注意如下几点:

（1）**不宜穿颜色过艳、图案太大的服装**

因为过于浓艳给人视觉以扩张感。细格子和竖条纹图案比较适合四十几岁的女人，图案应以细小为宜。

（2）**不宜穿款式结构复杂、条纹重叠、过于紧身或过于宽松的服装**

服装要力求简洁、明快、适体。颈短者忌关门领、圆领角，尽量穿低领或胸部微露的款式。这样使胖人显得轻松、利落，又不失四十几岁的女人的风韵。

（3）**面料选择不宜太厚或太薄**

宜采用柔软挺括的面料。避免太厚或太薄的面料。

（4）**不要穿戴颜色太素的服饰**

忌讳同时穿戴超过三种以上颜色的衣服或饰物。搭配既要美，又要雅，千万别"追星"。

（5）**不宜穿吊带上衣或无袖紧身上衣**

除非你的上臂非常漂亮而又健美，否则没有暴露的必要。反而半袖或七分袖衣衫会显得修长、年轻些。

（6）**体形胖者不宜穿横线条衣服**

体形胖的女性应当穿竖线条衣服，那样看起来可显得挺拔秀气些，上衣禁忌扎在裤子或裙子里，以免暴露肥胖体形。

（7）**不要穿有太多细节的服装**

细节太多的服装显得累赘，如口袋、褶子、飘带等。

（8）**不要与年龄不符**

不要把自己打扮得像年轻姑娘那样天真活泼，这样让人看了不舒服。

（9）**颜色搭配不宜花哨**

如果你喜欢穿黑色上衣，最好配一条艳丽丝巾，效果会好些。

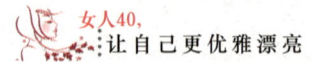

（10）颈长者避免穿大领服装

年纪大了，颈部皱纹就会增多，甚至出现双下颌，穿高领内衣或外衣会掩盖上述缺点。

（11）指甲油不宜太艳

太鲜艳的指甲油，只会突出不完美的指甲及老化的双手。选用暖色系列更合适。

（12）不抹闪亮的眼影

因为它只会突出皱纹。改用柔和中性的眼影，看上去更为自然，也可为你提神。

（13）最好不要披散长发

脸上的皱纹加上眼睛无光少神，披散长发更显得憔悴苍老。应请美发师根据个人脸型设计一个既显得饱满、优雅，又能体现个性魅力的发型。

（14）佩饰忌多、乱、杂

佩饰不要多、杂、乱，适合自己即可。如：大一些的背（提）包、高一点的帽子、垂在胸前和背后的长围巾等饰物，可以帮你减"肥"。

▶ 美丽色彩让你无言胜千言

西方曾有一位画家说过这样一句话：世界是美丽的，美丽缘于色彩。

然而，生活中你把多少色彩给了自己呢？黑色、灰色……色彩对于你而言，难道只是一个看着年轻人来穿衣装扮的过客吗？成千上万种的颜色，真的就没有适合你自己的吗？

许多人都会说：我脸色不好，不能用亮的颜色；我的身材不好，只能穿黑，要不然显胖；年龄大了，还美啥……哎，算了吧！

拿自己的缺点去与别人的优点比较，自己永远是自卑的！为自己的不美，我们总是找各种各样的原因、借口！

我们无法想象，失去色彩的世界将是如何苍白；我们同样无法想象，失去色彩的女人将是如何黯淡。事实上这个世界从来不缺乏色彩，缺乏的只是对色彩的认识和运用。人们或者根据自己的喜好来判断自己需要的服装颜色，或者很盲目地看见别人穿什么颜色的服装好看自己就买什么颜色的服装，或者根据当季的流行服装来选择服装颜色。这往往使很多女人走入了色彩的误区，错过了能使她们更漂亮的颜色。当一些朋友经过自己若干年的尝试，找到了自己的色彩时，她们却浪费了很多时间、金钱和精力。

美丽难道就真的这么难吗？当然不是！只要找到适合自己的色彩，美就变成了既轻松又简单的事了。通过颜色的改变，会使你的脸色显得健康，有光泽、有活力。谁说年龄大，就不能穿着亮丽的色彩？

女人是柔美的，也是雅致的。色彩，不仅会把你装扮得更年轻、靓丽，还会带给你一个好心情。也许，你还有这样的经历：一大早来到办公室，同事们都说你今天气色比昨天好，也比昨天漂亮了。当大家都在研究你是不是换了什么新的护肤品的时候，你发现原来是因为自己换了一件不曾穿过的颜色的衣服，于是心情变得格外开朗，同事们也都因为你的美丽而愉悦起来。这就是颜色的魅力，它能够轻松地改变你和你周围人的心情。

如果你想成为一个拥有十二分自信的女人，如果想做一个自信的女人，那么，就寻找属于自己的颜色吧！运用不同的颜色语言，你可以把你所表达的情绪清楚输入对方的意识，让他不知不觉地跟着你的思想走；当你想在会议中把那个老是欺负你的同事压垮，你可以穿着利落的黑色套装，甚至再加一条色彩饱满的领带，这就足以让人敬畏三分；当你想吸引俱乐部里所有男

士的目光，你可以穿着火一般的红色，挑逗他们最深层的原始欲望。因此你该了解不同颜色的使用场合，它能让你显得更有力量！

或许你分不清楚场合与服装颜色搭配的关系，那么在这里给你一些简单的定律做参考。

如果你希望有亲和力，你该让人们感觉你温暖而包容，亲切又令人安心。浅色又带些黄的色系的服装最能表达这种温柔舒适的感觉。我们也多在家里的墙面使用这些颜色。

如果你希望展现活力，你应该选择各种饱和的浅色服装。在所有颜色中，各种饱和的浅色最能够体现活力，能让你的心情不知不觉中，也变得活泼与充满希望。所以，这类颜色常用于运动员的服装。

如果你希望表现得更专业，那么服装颜色莫过于选择深色系了。它们给人沉稳、内敛又富智慧的感觉。我们可以看到职场精英们，都以穿着深色为时尚。

春天型

春天型的女人一般有着白皙的皮肤，但不论肤色深浅都呈暖象牙色调，脸颊有珊瑚粉色的红晕，头发偏黄，眼睛明亮，感觉年轻活泼。

春天型的女人是清亮活泼的精灵，红扑扑的脸蛋和开朗的笑容能够立刻化解人们内心的冰冷。因此，你的服装应该展现出你和煦如阳光般的特质：杏桃粉红、苹果绿、天空蓝、象牙白等，带黄的各种浅色最能表现你一流的亲和力！在职装上，你应以浅咖啡色等服装为主，千万不要使用黑色和灰色，那会把轻如羽毛的你硬生生地从天空中拉下来哟！配件上多使用浅金色，可以呼应你如娃娃般的肤质；化妆方面，一定要使用腮红，会让你的脸如苹果一般粉嫩可爱。

夏天型

夏天型的女人肤色多有发青的感觉，脸上的红晕呈玫瑰粉，发色是柔和的黑色或褐色，目光柔和，感觉如海蓝云天般温柔雅致。

你知道吗？你的一个笑容就能影响世界！你淡雅、温柔的气质让你轻易地成为浪漫女神的化身。你的爱像夏天的阳光一般炽热，但有时又像地中海的纯白仙境一般，恬静优雅超凡脱俗；而你的神秘像是雷雨后所散发的蒸汽，让周围的人都不禁为之舒畅。在职场上你适合咖啡色、浅灰色，可以同时表现出你的专业和轻巧；不要使用过多黑色，那会让你看起来太过僵硬严肃。配件可以多用银色或是有双面处理的金属，能带出你的柔和感；化妆方面要多强调你的细致皮肤，务必让你的肌肤犹如美人鱼的气泡一般晶莹透亮。

秋天型

秋天型的女人皮肤光滑平整，亦呈象牙色，一般没有腮红。发色呈较浓重的黄色调，目光沉稳，给人以成熟华丽的浓醇感觉。

秋是大地之母的季节，富饶而充满力量。你的光芒如绚烂的黄昏，世界上最忙碌的人也不禁为你驻留。多数的时候，你懂得大自然的美妙，能包容一切的可能性；但你的内心仍拥有如非洲草原般狂放的野性，像吉普赛人一样，让人为你的神秘与丰富的内涵充满磁性。各式各样的大地色系是你的专属权利，没有人能比你诠释得更好。职场上，使用暗色系能强调你的沉稳与包容力；使用枯叶绿或鲜鱼红能强调你的创意；配饰上多使用金色与古铜色，那能让你的肌肤更添光彩。化妆时要强调你丰润的红唇，让人不禁想一亲芳泽。

冬天型

冬天型的女人肤色也呈发青的冷色调，少部分人会有玫瑰粉的红晕。头发浓黑、目光锐利，是真正具有"酷"感的女性。

冬天是冷冽的冰，是光辉的雪。你的高贵与神秘让你成为众人瞩目的焦点和时尚生活中的女王。你的速度感和冰冷的气质，是你适合城市生活的主因；但有时，你如教堂的钟声一般空灵神圣的美貌，会让人不知不觉想跟着你的脚步，成为更好的人。你适合一切寒冷的颜色，大胆的你要勇于尝试对比色的搭配，像是蓝配黄、紫配橘等，为你的出现营造华丽的气势。黑色是你职场中的不二选择，能让你的锋芒尽现。饰品要用银色才能呼应你的肤色。化妆时眼睛的神韵要加强，要练习使用假睫毛和眼线笔，因为你用眼神就能尽惑人心！

色彩可以为你的气质定调，无论你是春季型、夏季型、秋季型或者冬季型的女人，你都可以穿每一种颜色的服装，关键不是你能不能用某一个颜色，而是要看这个颜色的"色调""彩度"和"明度"适不适合你的肤色。比如红色，春季型的人适合橘红、杏桃红，夏季型的人适合粉红、豆沙红，秋季型的人适合砖红、咖啡红，冬季型的人适合正红、桃红与鲜艳的粉红。

当你用逻辑化的方法把很多颜色分类后，你可以把属于你的颜色做一套专属色卡。在你出门的时候，它就可以成为你购买衣服的好帮手。

不过，找对属于你的色彩并不是一件容易的事情，不仅仅要根据你的肤色，还要把发色、眼睛的颜色以及你的气质考虑进去。因此，建议你找专业的色彩顾问给你做一次色彩诊断。如果你把自己局限于春、夏、秋、冬这四大属性，你反而会因为不够了解，而给自己更多的限制，让自己失去了使用色彩的乐趣。

不过，以下几点是你需要牢记的：

①如果你是春天型，请不要穿黑色衣服。

②如果你是夏天型，请不要穿橘色衣服。

③如果你是秋天型，请不要穿灰粉色衣服。

④如果你是冬天型,请不要穿看起来可爱的浅色衣服,而要把自己扮得足够的"酷"。

▼ 小饰品,为女人的着装锦上添花

如今,在追逐潮流中显示个性已成为时尚,耳环、项链、戒指、手镯等饰品一向受女士宠爱,巧妙地运用它们能帮助女士接近其追求的形象。如果首饰和服装搭配得宜,可为简单的衣饰增添一点儿个人风格。如金银首饰是较受欢迎的,各种配饰产品推陈出新,不过珍珠首饰的潜力亦不容忽视。珍珠的外形圆浑、洁白,给人纯洁、清秀的感觉,一些特别的设计更具有高贵的气质。

四十几岁的女士们在考虑选购饰物时,珠链不失为佳选,配衬同系列的耳环和戒指,更呈完美。当然,也有不少首饰是代表着某种美好意愿的。如红宝石象征着美好的爱情,玛瑙象征着正直,钻石象征威严坚定,等等,给饰品增添了一层诗的韵味和梦幻般的神采。

尽管现在的潮流打扮以清爽舒适为主,但简简单单的饰物搭配仍是不落俗套的,只要配衬适宜,就可额外增添个人魅力,因为配饰的选择及搭配正是个人风格品位的投影。

(1) 如何使首饰与服装保持和谐

四十几岁的女士穿着入时,靓丽俊俏,首饰有画龙点睛之妙用,如万绿丛中一点红,搭配相称正好强化了装束美感。如今,许多世界著名时装设计大师,在展示新潮时装的同时,往往推出与之相配套的专用"时装首饰"。既然是"时装首饰",那么,就必须让首饰与时装浑然一体、相得益彰,除

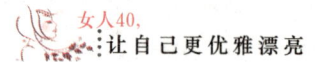

体现艺术风格的时代感、表现形式的创意性、品种花色的多样化、选料做工的精致性外,还需要随季节变化、穿衣场合不同而更新。

（2）使首饰款式与服装款式相互呼应

首饰款式的选择要以服装款式为基础。具体说来,一是要与服装的功能一致。比如,与礼服相搭配的首饰应是比较精致而考究的,而与便装搭配的首饰则应是大方而简洁的。二是要与服装的线条相对应。例如,服装的线条结构以曲线为主时,首饰的造型最好是直线构成的方形或三角形；当服装的线条以直线为特征时,首饰的造型则应以曲线构成的圆形、椭圆形为主,从而使服饰在整体上表现出丰富的动感。

旗袍是中华民族传统服装,高领、宽胸、紧身、袖可长可短。颈间饰领花,如牙雕牡丹、镀金蝴蝶等,与耳环、项链配套组合,造型款式一致,穿在四十几岁的女人身上显得端庄、高贵、美丽、大方、气质不凡。

晚礼服是社交等正式场合的主要服装,相应首饰需讲究名贵与时尚,如佩戴钻石、红宝石、蓝宝石、翡翠、珍珠等制成的胸针、耳环、项链、手镯等,更显得雍容华贵。

职业女性、白领丽人,身穿庄重、正统的职业女装,如果配以简洁的钻石、红宝石、蓝宝石饰品,则更能显示其精明、干练的形象。

倘若身穿夹克衫等休闲装,则首饰的搭配以奔放、粗犷为宜,如在腰间缀系一条腰链或一串细环链,更觉轻盈洒脱、妩媚动人。

（3）使首饰与服装色彩相互补充

首饰色彩的丰富程度要远远超过服装。如果首饰的佩戴适当,常可以在服饰整体效果上起到画龙点睛的作用,否则给人以画蛇添足之感。因此,佩戴首饰时首饰颜色的选择,应以补充服装色彩中的不足为准则。例如,当服装的色彩显得很单调时,可用色彩鲜明且富于变化的首饰如红宝石、蓝宝石、祖母绿等来点缀；而当服装的色彩过于强烈或纷乱时，则可佩戴颜色较单纯、色调较浓重含蓄的首饰如铂金钻饰、铂金饰品、珍珠饰品、深蓝色的蓝宝石饰品等来缓解。

（4）使首饰的材质与服装面料相互对应

无论是首饰还是服装，由于可选用的材料很多，可表现的质感也丰富多彩。当服装的面料柔软而细腻时，宜选择质感粗犷的首饰；当服装的面料厚重且挺括时，则最好佩戴光润、晶莹的首饰，以使两者互相衬托，呈现出丰富多变的视觉美感。

春秋装束，面料品种多，款式变化大，宜佩各种胸针、耳环、项链、戒指等，可以随心所欲，任意选配。昂贵的钻石、高雅的祖母绿、迷人的红宝石、明艳的珊瑚，均能渲染饰物的美感。

夏装，衣料单薄、款式简练，宜配质轻、工精的玲珑胸花、别针，纤细的黄金、白银项链，别致的金耳环、镶宝石耳坠，看起来色调淡雅、晶莹闪光，给着装平添了几分俊俏，使人赏心悦目。

初冬，大地似一幅褪色的图画，显得单调乏味。此时，多彩多姿的服饰像是一支支多情的画笔，点染着理想中的世界，唤起无限的生机。穿一件乳黄色紧身羊绒衫，颈间搭配一组雪白或透明的小串珠项链，闪烁着清纯美感的光华。此外，与厚重的衣装相配的同样质感的饰品——毛衣链也应运而生，粗大的链身，夺目而质感十足的坠子，造型富于变化。如素色链子配海蓝色星形坠适于各种浅色毛衣，抢眼却不失文静；纹路精妙、浑厚大方的白色方形坠子在深色或花色毛衣中自然洒脱；经典的滴釉彩蛋形坠子，悠悠古意更显不俗；仿旧色链在灰色映衬下，怀旧意境耐人寻味；细腻的镶嵌，艳丽而造型可爱的坠子，无疑是献给爱侣的最佳礼物；而各色宝石紧密镶成的花朵奇妙美丽，更经得起"时间的考验"。

（5）让首饰与服装和鞋帽巧妙搭配

作为着装重要组成部分的鞋帽，也影响首饰的搭配，况且鞋帽与服装之间，也有搭配的问题。

①风帽+皮靴+风衣或大衣

可搭配垂吊式耳环、带坠饰的项链，以显示其潇洒和飘逸。

②无沿帽+高跟鞋+套装

可选配新潮的耳环，带宝石如红宝石、蓝宝石的K金戒指，新潮金项链等，以显示现代人的气质。

③太阳帽+运动休闲鞋+休闲装

可以佩戴圆耳环、短项链，更显青春和灵动。

④绒线帽+工艺鞋+中式服装

可佩戴小型耳环、手镯和细项链，以衬托出东方女人的古典美。

首饰与时装组合，需要少而精，切忌多而滥。几种饰物不能彼此争艳、相互排斥，以免造成杂乱无章的格局，破坏点睛效果。一切还得因人而异、因地而别，浓艳、清雅、粗犷、纤细，千般特色各有钟爱，巧缀妙饰各展风情。

第三章
优雅从容地过好每一天

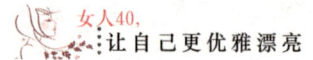

PART 1　非凡的气质与涵养，让生活更从容

▶ 自信，可以抵抗岁月对美丽的侵蚀

有人说："岁月是女人的天敌。"所以很多女人都害怕衰老，害怕自己的美丽在岁月的流逝中慢慢地失去，最后变成连自己都感到恐怖的老女人。然而，有很多女人却没有因为年龄增长而失去自己的美丽，反而是变得更加有魅力。

法国一位著名女作家在老年与她的学生产生了一段忘年之恋。她这样描述他们第一次相遇时的情景：

在一个公共场所过厅里，一位男子向我走来。他先自我介绍，然后对我说："我认识您。大家都说您年轻时很漂亮，我是来告诉您，对我而言，我觉得您现在比年轻时更漂亮。"

美丽，与年龄无关；魅力，与年龄无关；爱，与年龄无关。这就是生活告诉我们的真理。有人曾经这样问靳羽西："你认为女人的美丽与所谓残酷的时间是什么关系？"靳羽西说："美丽与年龄无关。漂亮的女人是不可以有皱纹的，但美丽的女人不同，即使有皱纹，她依然美丽，而且是那种内外兼具的美，我对年龄没有特别的感觉。像希拉里·克林顿，她并不年轻了，

第三章 优雅从容地过好每一天

但看起来非常美丽。"

对女人来说，真正使女人老去的不是岁月，而是信心的失去。50岁的雅丽是一家服饰专卖店的老板，人长得非常漂亮，穿着也十分入时，眼睛炯炯有神，她身边的人都十分乐意和她聊天打交道，因为他们认为雅丽十分可爱，也非常善解人意。但是，这些优点雅丽自己却不知道，她只知道自己是一个50岁的女人了，自己的脸上已经有了很多的皱纹，自己已经不再年轻，人们喜欢她并和她聊天一定是出于对她的同情。

雅丽的看法有一部分是事实，但在别人眼里雅丽却不一定如她自己所想是一个没有魅力的人。但雅丽因为对于年老的恐惧而使自己失去了信心，正是信心的失去而让她慢慢地老去。

很多女人一旦步入中年，就总是认为，如果自己不注意改善自己的身体和容貌，将会失去爱情和幸福，因为"男人只在乎女人是否性感漂亮"。尽管有不少男人有着这样的想法，但是，更多的男人却不是这样想的。你不妨先听听下面这些声音：

"我认为，如果女人自己接受自己，那么她的丈夫也会接受她。"

"如果一个男人只注意你的外貌，你就让他走开！"

"女人其实只管生活在自己的生活里，不要受某些人的影响。"

"作为女人，只要你爱，你就有生活。"

"我觉得男人不像女性想象的那样，我们更重视女性对我们的态度，而不是身体。"

"要知道，男人们更喜欢自信的女性。"

"抬起头来！爱你自己，包括你的身体！如果你这样做了，男人也只会这样做！"

知道吗，这些说到中年女人心坎上的话语，正是权威机构在社会调查中

收集到的,是绝大多数男人的心声!

所以,你不能像雅丽一样,因为年老而失去自信。不管你处于什么样的年龄阶段,拥有自信都可以让你变得格外美丽。

钟丽堤说:"女人一定要自信、有幽默感、心态健康,其实开心最重要。这样才可以做到从内到外的美!"自信能让女人有一种不一样的吸引力,她可以让女人更妩媚生动、更光彩照人,也可以让女人更坚强、更有勇气去面对生活中所遭遇的艰难困苦,在挫折面前不低头,坦然地去面对。自信让她相信自己可以去克服所有的困难,并不断地完善自己,努力使自己趋于完美。虽然我们知道人无完人,这世上没有真正完美的人,但是能自信地让自己向完美靠近,怎能说这不是一种最美呢?因为自信,才让女人看到了自己本身的价值,看到了自己的魅力,看到了生活中最美好的一面。

自信对于女人是很重要的一种品性。在四十几岁的时候,如果你想做个美丽女人,那么,请昂起你自信的头颅吧,让自信的微笑时常挂在你的嘴角,相信无论何时何地,你都会成为最美丽动人的女子,成为生活的主角。

意大利著名影星索菲亚·罗兰说过:"不管别人怎么想的,你都必须以自己的方式相信自己是一个美丽的女人。为使自己美丽动人而努力。"索菲亚·罗兰是这么说的,也是这么做的。她刚进入电影行业时,导演曾建议她做美容术,把她的大嘴巴、大臀部改小一点,她坚决不干,认为这正是自己不同于别人的特点。后来她成名了,这大嘴巴还真成了她独特的美。

希望你永远的记住这句话:"使女人年老的不是岁月而是信心的失去。"

▰ 高雅气质，塑造出新的美丽

当我们想到美，就会想到很多美容技术，如涂护肤霜、做发型，以及如何使用睫毛膏之类，这些当然是美容的重要手段，我们大多数人都想学一些美容方法以使自己更富有吸引力。但是，一个真正美丽的女人对美的追求不应只是着眼于容貌与身姿，而应是心灵。如果你运用心灵的力量如同运用化妆的粉扑那样得心应手，你将变得更加美丽。这是对任何年龄与任何容貌的女人都适用的方法，这个方法就是修炼你的气质。

在大众的心目中，似乎只有长得非常漂亮的女人才能成为电影里的女一号。然而，著名导演史蜀君表示，在挑选女主角时，她并非最看重外貌，而是更多地考虑演员的气质个性是否与角色契合。在谈到美丽时，她的见解是："美丽是天生的，风度气质却可以靠后天培养塑造。这对每一个人都是公平公正的，每个人都可以成为有风度的人，恰恰能够弥补外在美丽的不足。"因此，尽管你不是天生丽质，你也同样可以魅力无限。

对女人来说，美貌和高雅气质，往往是获得成功的凭藉。具有高雅气质的女人，即使不够漂亮也塑造了新的美丽，而没有美的仪态，即使很漂亮也让人为她惋惜。

如何提升你的气质呢，在这里教你几招。

站姿展示你的自信

站立时，一定要挺，抬头挺胸收腹。头别仰上天，胸别挺出去了，一切要平，这是最起码的站姿，而且不管在哪里，在哪种场合，只要是站就要保

持这种形态，长久下来就会形成一种习惯。如果你说："不行，我站不出那效果。"那就回家，把脚跟、臀部、两肩、后脑勺贴着墙，两手垂直下放，两腿并拢做立正姿势站半小时，天天如此，不相信你站不出那效果来。21天就可以养成习惯。

坐姿体现你的优雅

坐姿一定要雅，上身要正，臀部只坐椅子的三分之一，腿可以并拢向左或向右侧放，也可以一条腿搭在另条腿上，两腿自然下垂。但切忌，不能两腿叉开，腿也不能翘在椅子上，如果你还没习惯的话，就利用工作中休息的时候来锻炼一下自己。

走路体现你的风度

抬头挺胸收腹，别总是低头数自己的脚趾。走在路上就把路当成你家的，是你的T型舞台。不是要你走得横行霸道，而是要走得旁若无人，目不斜视，走出自己的气势。不要急步流星，也不要走得生怕踩了路上的蚂蚁，不快不慢，稳稳当当。剩下的就是走姿了，可以扭，臀部的扭动更显你的腰姿，但不要上身全跟着动起来，看上去给人轻浮感。要两手垂直，轻轻前后摇摆，不是走军姿，也不是走正步，要自然。

还有一点要注意的就是你的服装。不一定非要穿名牌服装，但是着装一定要适合自己的年龄、身材，要穿出自己的个性。一件好的衣服穿在别人身上很好看，但不一定就非常适合你穿。

接下来要的就是自信，自信你是最美丽、最优秀的品质。自信是自己给自己的信心，是成功最重要的因素。其实服装的功能不只是让人漂亮，更是增加自信的道具。一身合宜的装扮，带给别人不仅是感观的享受，更是自信的表现。

说到脸，那就要说说脸部表情：要微笑，记得是微笑，不要呆若木鸡，也不要笑得花枝乱颤。做不到笑不露齿，那就轻轻上扬一下你的嘴角。最重要的就是你的眼睛，听别人说话，或者跟人说话时一定要正视着人家，不要左顾右盼的。有人说女人的眼睛是她心里的一道闸门，那就好好地利用这道闸门，把你的自信表现出来。

还有就是要有思想，要有内涵。你需要拥有渊博的知识，既使你没有很高的学历，也要利用业余的时间阅读大量的书籍，"腹有诗书气自华"。如果一个外表漂亮的女人，一张嘴言语粗俗原形毕露，那样就毁了你所有的形象，所以提升品味不能仅仅从穿衣打扮考虑，你还要充实大脑、开阔眼界、扩大你的思维格局。你会发现，打开视野，你的眼前异彩纷呈。

气质由心生，保持一颗纯洁善良的心吧。不管你是高的矮的，还是美的丑的，给自己一点信心，相信自己就是最有个性的。展现你的自信，给自己多加一分，你就是一个富有魅力的女人。

▶ 简化生活更能享受人生的乐趣

我们常常陷入生活中的陷阱：为某些事情付出了大量的时间和精力，当我们回头认真思考的时候，却发现这些事情毫无价值。

生活中没有非接不可的电话，生命中没有非要不可的东西。只要你愿意享受人生的乐趣，你便会发现，世界上只有极少的消息值得传递，一生中也只有一两封信值得花费邮资。在这个世界上，一个人越是有许多东西放得下，便越是富有。那些过着淡泊生活的人，实际上是天下的富人。

因此，你要学会简化你的生活。如果你想让你的生活过得更加从容，那么，从减少你生活中的杂乱事情开始吧。

减少娱乐,减少聚会,关掉电视机,取消订阅报刊,远离垃圾信箱,舍弃移动电话,摆脱节日,简化旅游,简化送礼,降低生活需求,整合银行账户,改变购物方式,简化饮食习惯,乐在工作,整顿人际关系,相信自己感觉,找时间看太阳,学会说"不",10分钟化完妆,丢掉高跟鞋,减少配件,丢掉多余东西……这所有的一切都是简单生活主义者的宣言和口号。当然,真正意义上的简单生活并不是让你舍弃一切去过一种艰苦朴素的日子,而是要把你从复杂的现代快节奏生活中解放出来,就像一个半世纪以前美国作家、哲学家亨利·戴维·梭罗,在享受远离尘嚣的静谧与安适中,写下了那本非常著名的《瓦尔登湖》。简单的生活就应该像《瓦尔登湖》中描述的那种境界,我们并不一定要像梭罗一样远离城市去到乡村住小木屋,但是,我们每个人都应该有一个内心的瓦尔登湖。

蒙田说过:"世界上最重要的事莫过于懂得让自己属于自己。"在某些时刻必须闭门闭户地重新拥有自己,才能达到简单生活的境界。

在这个物欲横流、充满各种诱惑的社会大环境中,能够拒绝一切物质的诱惑,进入简单的生活尤其困难。如梭罗所说:"我最大的本领就是需要极少,我爱给我的生命留有更多的余地,然后可以做自己想做的事。"

要达到能真正地享受简单生活的境界有时候很困难,因为来自于人本能中的无止境的欲望如权利、金钱、享受等,无穷的诱惑在每个人眼前不断地闪现,让人应接不暇,刺激着人的脆弱的神经。因此,人们就会为无止境的物质财富的积累,而消耗无限宝贵的生命去攫取,从而成为物欲的奴隶和工具,而无暇顾及更多的超越于物质之上的精神享受。即使可以创造和拥有更多的财富,可以享受到所谓的更高尚的生活,但当走到人生的尽头时,同样是赤条条地,任何一样东西都无法带走,只能为曾经的疏忽的过往而悔恨和惋惜。

事实上，满足一个人最基本的需求很简单。而安于简单的生活需要有更高的精神境界，灵魂需求的东西往往不需要花金钱来购买就可以得到。

与一个半世纪以前相比，今天，人们基本生活的内容当然会有所扩大，但由于现代化生产方式的高效迅捷，基本生活的开销已然是人们全部消费的一小部分，为什么不少弄一点奢侈的东西，给自己多一点灵魂的空间享受，寻求一种返璞归真的简单生活呢？

淡然地面对一切诱惑，就可以把目光放得更远，没有了更多的苛求，心态也会平和而安详，这样就能够珍惜平常的简单的幸福。那些来自于心底的欲念远远地逃离，人的生活就会简单，从而多些时间面对自己，多些空间给自己的灵魂休憩。

简单的生活不是麻木地消极地对待生活，而是更积极踏实地做自己想做的事，珍惜由此而生的快乐。

"我早晨醒来时没有那么深奥的计算和迷茫。吃油腻的东西吃半个饱，这使我身体清洁；不做不可及的梦，这使我的睡眠安适；不穿高跟鞋折磨我的脚，这使我更加悠闲安稳；我不跟潮流走，这使我的衣服永远常新；我不耻于活动我的四肢，这使我健康敏捷；我避开无事的过分热络的友谊，这使我少些负担和承诺；我不多说无谓的闲话，这使我觉得清畅；我尽可能不去缅怀往事，因为来时的路不能回头；我真心地去爱别人，因为比较选择不会泛滥；我爱哭的时候便哭；爱笑的时候便笑，只是出于自然；我不求深刻只求简单。"三毛的这句话更好地诊释了简单生活的要义。

爱自己，拥有自己，让自己简单而惬意地生活吧！

▶ 人格独立才算精品女人

独立是女人的必备要素，几乎所有的都市女人都认可了这一观点：人格独立才算精品女人。在事业上有主见，不受他人摆布；在生活上有自己的圈子，不会因脱离男人而孤独。独立是一种很高的境界，它需要高素质的心态和全新的价值观。

女人的独立不仅包括物质上的独立，还有精神上的独立。这种独立不是世俗意义上那种"女强人"的不可一世的特立独行，而是拥有自己的生活空间、内心感受和表达方式。

有工作的女人在物质上有独立感，这种感觉能为她们的精神独立打下相对坚实的地基。但不少上了40岁的女人在经济上仍依赖男人，而不少男人也很自傲，把女人视为自己的私有财产，甚至轻视女人。尽管没有社会工作，但持家也是一种职业。如果男人在外面打拼能有工资，那女人持家也应有报酬。以往人们总把家庭的生活费视为对女人的报酬，这是不对的。生活费只是一种家庭必需的成本，它没有在经济上体现持家女人的价值。关心和尊重女人不是一句空话，男人应主动量化女人持家的价值，并愉快地付给这笔象征着对女人价值尊重的工资。千万不要小看这个程序，这是女人走向物质独立的关键。女人有这种独立感才会有尊严，男人在有尊严的女人面前才会对其重视。女人如果缺少这种独立感，整个人十分灰色，那么男人对这种女人就不会有长久好感。所以，女人首先一定要在物质上、经济上保持独立，那样才会有持久的魅力。

相对于物质独立来说，女人的精神独立更为重要，因为男人活在物质中，而女人却活在精神里。女人的精神是无比神秘和无比丰富的诱人世界，女人精神的独立是对自己的确认。当女人的精神世界被别人支配时，这个女人就会十分悲哀。女人可以在自己的精神世界里建立起一个美好的王国，当她自豪地感觉到自己就是这个王国的女皇时，就会在现实生活中找到自信。女人的精神独立还体现在她的思想是受自己支配的，而不会为别人盲目修改自己的行为。有个女人爱上了一个她感觉极好的男人，由于感觉太好，她想让其他女朋友分享她的喜悦，于是她去征求她们的意见。朋友都认为，这么好的男人一定会有很多女人追，将来很难说他能否挡得住诱惑。分析的结论是这种男人没有安全感，不值得交往。于是她和这男人分手了，但又长期痛苦。后来听说她认识的另一个女孩和他结婚了，她差点儿没气死。

电视剧《不要和陌生人说话》，相信很多观众在观看时，心都揪得很紧，但还要捂着心脏坚持看下去。因为观众一方面对女主人公哀其不幸、恨其不争，一方面又时时牵挂着她的命运，期盼着她能够自强起来。

这种典型的家庭暴力，无疑是对女人精神不独立的最大嘲讽。而女人，你为什么不反抗？是因为爱吗？都说女人是爱情至上的，那么一个爱字，就应该让女人放弃最基本的做人的尊严吗？所以说精神独立对女性来说确实是相当重要，但也是很难做到的。

女人精神的动摇是一种不独立的表现。还有很多女人都像得了"预支恐惧症"，一接触男人就想将来可不可靠。越想越不对，明明现在有很好的感觉，可很快就恐惧了。其实生命的意义就在此时此刻的分分秒秒，如果你对一个人的感觉好，就应该跟他去共同营造更好的感觉，哪一天不好了，再与他分手也不迟。有些女人总认为恋爱就必结婚，假如中途分手就觉得丢人，多几次分手更是坐立不安，怕别人议论，这是一种不成熟的想法。现在的人各自都有自己的事,谁也没工夫来关注你的恋爱。你恋爱分手是你个人的事,完全没必要那么在意别人的反应。即使有个别人留意你恋爱分手,也只会当你换了件衣服。所以,女人不要傻,一定要学会在精神上独立。精神独立的女人才能真正地坚强和自信起来,即使面对变幻无常的社会,她们也不会丢掉自己的微笑。

说到底,女人独立自主的意识,最终决定了女人的独立。

独立的女人虽然没有小鸟依人般可爱,没有楚楚动人、惹人怜爱的眼眸,但是她风风火火的行事作风,敢作敢为的勇气,同样也有让人眼前一亮的风采。

四十几岁的女人,如果想成为有持久魅力的女人,一定要树立独立自主的意识,并采取相应的行动。

▶ 成熟女人展现成熟的风韵

作为女人你必须知道的是,你有着与其他人不同的脸形、身段、肤色与风姿。你,绝对就是你,你是世界上独一无二的人!格调女人的特点在于:纯洁整齐的外表、悦耳动听的谈吐、大方的态度、高尚的兴趣爱好、雅洁的妆容。

同样的一套西装,并不是穿在所有男士身上都显得同样英俊挺拔;同理,同样的一条裙子,并不是穿在所有女士身上都显得婀娜多姿。

作为已经四十几岁的女人,你必须知道的是,你拥有你自己生命中唯一的财产,你不必去效仿别人,你要表现出自己独有的气质。

成熟的女人应该是这样的:她了解这世界很大,她不是地球的轴心。世界上还有许多人,有人注视自己,也有人轻视自己,有人赞美自己,也有人嫉妒自己。但是，她并不希望所有敌视自己的人都消失，而是愿意与对自己不友好的人和平相处。

时下许多女人，刻意追求时髦，被流行所左右，譬如流行歌曲，就像流行感冒一样，让不成熟的女人痴迷。对流行"仿效"，是那么如痴如醉，穷追不舍。在"流行"和"时髦"中，做一点儿适合自己的选择，并不是每一个女人都能做到的了。譬如今年流行黑色衬衫，如果你已经够瘦，再穿黑色衬衫，岂非更显得瘦吗？反过来说，如果你本来就偏胖，再穿流行的黄上衣，那自然更显现出体形的不足之处了。所以流行的东西，不见得就适合你，一定要保持自己独特的眼光、独特的风采、独特的神韵，了解自己，不去仿效别人，这才是成熟女人的表现。

有些不成熟的女人十分在意男性的目光，为了吸引异性的注意，往往刻意去做一些让人注意的动作，投其所好，最多只能寻求一点儿刺激，满足一下自己。其结果呢？不仅很难给别人留下良好的印象，还会由于自己的习惯而精疲力竭，搞得自己情绪郁闷。而对于四十几岁的成熟女人则不然。她虽然也会时刻注意自己的行为举止，但那不是为了哗众取宠，而是在雕塑自我形象，她会觉悟到或者随时提醒自己不能做出幼稚的动作。因此，她有足够的雅量看到别人的长处，同时也能容纳别人的缺点。

譬如女人爱漂亮，更喜爱听到男人说自己漂亮。但在男人恭维的话中，有真有假，水分是很大的。当男人赞美女人美丽贤淑、温柔、聪明、可爱的时候，成熟的女人不会沾沾自喜，而更多的是有自知之明。早上揽镜自照，看清自己哪里漂亮，哪里可爱；晚上垫高枕头，想自己是否温柔，是否贤淑，心中有数。男人赞美时，便能知悉其真诚度，说到点子上时，不妨报以甜甜的一笑，道一声谢谢；对方无中生有乱恭维，不妨给他一点儿难堪，不以别人的意见来肯定自己的价值，一切自有主见。

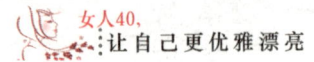

要做一个成熟女人,还要学会不感情用事。不成熟的女人喜怒写在脸上,一旦有什么事情不遂心意,立刻"晴转多云"。比如想买一件衣服,就该立刻买到,买不到就"阴云密布";得意的工作,就满面春风去做,不得意的工作,就厌恶之至,甚至想一辞了之,即使被迫去做,也是不甘心。四十几岁成熟的女人就是心里十二分不高兴,也不会写在脸上。因为成熟的女人已学会如何克制自己的情绪,也寻找到许多替自己排忧解闷的方法。

成功的女人大多是成熟的女人,她们通常都能注意以下几点,从而使自己从外到内地美丽起来。

(1)纯洁整齐的外表

要显得洁净无瑕,不必刻意追求贵重浮华。只要勤加整理和洗烫,经常保持整洁的仪表,哪怕是粗布衣,也会给人一种自然大方的好印象。

(2)悦耳动听的谈吐

和人谈话,要显得和蔼可亲,谈吐风趣。时时留意自己的发音是否柔和悦耳,有没有使人讨厌的尖锐、混沌或含糊的杂音。更要注意的是避免使用那些使人不快或难堪的字眼。为了使谈话内容丰富,多阅读报纸、杂志、有价值的书籍,提高自己的修养。

(3)落落大方的仪态

常保持一种从容、愉快的姿态,使人感觉到她们是温柔婉约而易于接近的。尤其是在一个陌生的场所里,碰到一些从未谋面的新朋友时,落落大方而温柔妩媚的态度,会使她们获得更多的友谊。

(4)高尚的情趣

培养一种比较高尚的情趣,如弹一手好钢琴,练就一副甜美的歌喉,或有精巧缝制的手艺,或对某一类运动情有独钟,这些都使她们变得更可爱一些,和他人交往变得更容易一些,在社交方面能获得更大的成功。

（5）合适雅洁的化妆

恰到好处的美容不仅不会歪曲她们的本来面目，反而会给她们增加几分韵味。但浓妆艳抹不会增加美的效力。成功的美容术和适当的化妆品，会衬托她们的优点并掩盖缺点，起到画龙点睛的效果。

要想做到上述几点并非一朝一夕的事情，贵在持之以恒，把这些要求养成习惯，融于自己的身心之中，时时自然地流露出来。

▼ 女人40岁，开启"智慧模式"

智慧对男人来说是睿智与深邃，幽默与潇洒。对女人来说是博爱与仁心，是自信与干练，是大度与平和，更是在得到与失去之间的平衡。在这个世界上，没有哪个人天生就被人称赞或赞美，即便是上天赋予了无穷的智慧，那也需要用一把钥匙来慢慢开启。

记得曾在一本书上看到这样一个故事：山里住着一位以砍柴为生的樵夫，他辛辛苦苦经过半年的劳动，建造了一座漂亮的木屋。不幸的是，他刚住进不久，一场意外的大火就吞噬了整栋木屋。当大火熄灭时，这位樵夫手拿一根木棍，跑进废墟中不断地寻找，围观的邻人以为他在寻找什么值钱的东西，所以都好奇地在一旁注视着他的一举一动。过了半晌，樵夫像个孩子似的兴奋地叫着："找到了，我找到了。"邻人纷纷前来观看，原来是一把被薰得漆黑的斧子，而且斧柄已经被烧坏了。但樵夫却非常高兴，像找到了一个宝贝似的。邻人见不过是一个普通的斧子，没什么好看的，也就陆续离开了。樵夫找了根木棍做成斧柄，嵌入斧头中，做成了一把新的斧子，从此，他便用这把新的斧子，开始了建造一个更加坚固、漂亮的木屋的旅程。

看完后很钦佩樵夫坚持不懈的精神,但同时也对那把斧子敬佩不已,没有斧子,樵夫何来重建家园的希望?由此及彼,人类没有了智慧,何以促进文明的发展?男人没有了智慧何以来展示自己的雄心壮志?而女人若没有了智慧,又何以在漆黑的夜晚,向着远方行进?智慧给了人类文明,给了男人雄心,给了女人美丽……

让20岁的女人拥有青春亮丽的美,30岁的女人拥有丰腴妩媚的美,40岁的女人拥有成熟豁达的美……每一种美都有它骄人的亮点,许多已走过半生的女人们,走过了花季,来到了40岁的门坎,深知鱼和熊掌不能兼得,所以选择了智慧美。

古称"腹有诗书气自华""秀外慧中",女人的娇颜和气质因"慧中"而更显得熠熠生辉。女人到了40岁无法挽留青春的影子,却更容易吸引"慧中"的青睐,随着智慧的积累而不断成长起来的女人,是一种果子熟透的美,是一种由内而外所散发出的美,是一种令人欣赏和赞叹的美。

有人说,一个女人到了40岁才算是真正的成熟,因为这时的她们才真正懂得了生活,懂得了社会,懂得了家庭,也懂得了自己的人生价值。

她们在忙碌的生活中,不断为自己充电。工作之余带着孩子去图书馆走走逛逛,既博览了群书,获得了广博的知识,又让自己的孩子懂得了学习的重要性,还培养了母子情,可谓"一箭三雕",何乐而不为?

她们与周围的人相处平和,取人之长,补己之短。岁月磨去了尖锐的锋芒,她们变得更豁达,更宽容,更懂得珍惜拥有和谦虚让人。她们掌握了生活的主动,更懂得去追求美的权利和自由,所以时时会告诉自己:最美丽的天使就在自己身边,她们不会放弃也不会退缩,勇敢地为自己赢得了一片片灿烂的天空。

"不要羡慕别人所拥有的,要羡慕自己的才对。因为自身有许多别人所

第三章　优雅从容地过好每一天

没有的东西……"这是一位青年作家曾说过的话，现拿来细细品味，还真有一番意味和哲理。春兰秋菊，各有芬芳。走过半生的女人们学会了追求赞美和被别人赞美，她们用智慧的武器把自己武装得更全面，也更深刻。岁月一点点挖掘出了她们内在的潜力，届时她们才发现自己原来有这么多"美不胜收"的优点。

有人曾说，智慧是女人一生永恒的力量，一个女人因拥有智慧而让自己轻盈的气质变得厚重起来，一个女人也因智慧的存在而让自己变得更加引人注目。她们谈吐不俗，气质超人，即使是在人头攒动的大街小巷也会显出一种"鹤立鸡群"的魅力。

智慧于女人是不可或缺的保养品，获得它的根本途径便是饱读"诗书"。漂亮的容颜已不再是女人独傲群芳的武器，浑身洋溢着的高贵气质以及言语间流露出来的知识修养，使她们显得与众不同，书是她们经久耐用的"时装"和"化妆品"，使她们焕发出异样的光彩。

在这个因女人的存在而变得多彩的世界里，时尚而智慧的女人更懂得抽一点儿时间为自己的心灵扫扫尘土。她们明白真正的智慧是一点一滴累积起来的，就如同盖一间屋子，年轻时所打下的只是一个根基，中途的一次休息，只是为了以后更好地展现女人的风采。她们知道婚姻是加油的一个驿站，心灵得到了满足以后，扬帆起程，最终的美丽只属于持之以恒。

有人做过这样一个总结：20岁的时候靠拼劲吃饭，40岁的时候靠智慧吃饭，60岁、70岁的时候靠经验吃饭。"四十智慧"就是拥有独立自信的人格，拥有宽容豁达的胸怀，拥有坚忍不拔的品质，拥有追求事业的执着，拥有对家人的关爱。她们对自己充满信心，对未来满怀憧憬，激情中不乏沉静，理智中不乏幽默，平淡中不乏神奇……

"四十智慧"是大彻大悟之后的坦然，是身临其境中的轻松，是沧桑岁

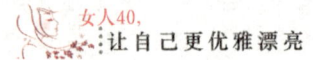

月的成熟，这份坦然、轻松和成熟是人生不可多得的一笔财富，任何价格都买不来，而智慧则是一种人生体验到极致的感悟，是感悟到极致的平静，是一种"淡泊以明志，宁静而致远"的最高境界，走过半生的女人更有资格去拥有这份成熟与智慧并存的别样风情。

▼ 女人味，一种独有的味道

女人一生都离不开男人，这话听起来有些绝对，但这只是一种态度。男人是女人幸福的一份源泉，有没有或是否乐意去获得这份源泉是另一个问题。有许多女人就是不想离开男人的那一类女人。

有的女人似乎总是容易赢得男人的喜爱，并不见得她们一定年轻美貌，其实真正长久吸引男人的并不是美貌和性感的身段，而是修养、气质、智慧和女人味。

有吸引力的女人强烈地散发着一种独有的味道，即"女人味"。传统对"女人味"的定义是顺从、柔弱、痴情、含蓄、矜持和忍让，而现代"女人味"的定义首先是个性。在今天主张实现自我价值的时代，痴情这样的特性已不再是美德，相反是一种心理畸障的表现。"女人味"不是一成不变的，正如"花香味"有清纯的、浪漫的、野性的、优雅的、浓烈的，都可以寻找到与之对应的喜爱者。女人不必过多地包裹自己，凡是美好的性情和品德，无论男女都可以找到知音。

现代人很讨厌虚假和装腔作势，因为人们更崇尚和喜爱本性的东西，源自本性的美才是持久和悠长的。现在女人特有的气质也不限于传统的阴柔一面，还应多一些"阳刚"之气，坚定、果敢、心境开放和只争朝夕。

现代的"女人味"还有更新的含义，更接近男女性情的和谐和力量的平衡，具有男女双重特质的人，即温柔、体谅、富有教养、善于体贴、十足性感，又富有悟性、聪慧、才干、自强不息、充满自信。

女人很容易偏"强"和"硬"，或偏"柔"和"软"。"强""硬"的女人大多是有较多的优势，如年轻美貌、才华出众、事业成功、家族背景优越和丰富的生活经历。对现代女人而言，"强""硬"总体的优势是偏大的，也是难得的。如果还能善于加入一些"柔""软"成分，便会更富有女人的和谐、包容、吸引力。

林清玄说过："这个世界一切的表象都不是独立自存的，一定有它深刻的内在意义。那么，改变表象最好的方法，不是仅在表象下功夫，一定要从内在改革……化妆只是最末的一个枝节，它能改变的事实很少。深一层的化妆是改变体质，让一个人改变生活方式，睡眠充足比化妆有效得多；再深一层的化妆是改变气质，多读书、多欣赏艺术、多思考，对生活乐观、对生命有信心、心地善良、关心别人、自爱而有尊严，这样的人就是不化妆也让人乐于亲近。脸上的化妆只是化妆最后的一件小事。简单而言，三流的化妆是脸上的化妆，二流的化妆是精神的化妆，一流的化妆是生命的化妆。"

这就告诉我们每一位四十几岁的女性，对美的追求一定不能流于浅俗，把美融入生命里，把生活融入浩瀚的历史长河里，让岁月的烟云在内心里荡涤出经久不衰的浓浓女人味。

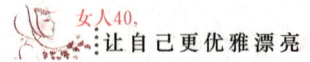

▶ 真正的好女人，是温柔的化身

作为四十几岁的女人，你尽可以潇洒、聪慧、干练、足智多谋、文韬武略，但有一点不能少，你必须温柔。

"温柔"这两个字很自然地就和关心、同情、体贴、宽容、细语柔声联系着。温柔有一种无形的力量，能把一切愤怒、误解、仇恨、冤屈、报复融化掉。在温柔面前，那些吵闹吼叫、斤斤计较、强词夺理、得理不饶人，都显得那么可笑可怜。

女人，最能打动人的就是这温柔。温柔像一只纤纤细手，知冷知热、知轻知重，只这么一抚摸，受伤的灵魂就愈合了，昏睡的青春就醒来了，痛苦的呻吟就变成甜蜜幸福的声音了。

温柔是女人特有的武器，哪个男人不愿意被这样的武器击倒？温柔缓缓地、轻轻地释放出来，飘到你的身旁，扩展、弥漫，将你围拢、包裹、熏醉。

温柔是一种智慧。平平常常的日子，温柔的女人总能过得有滋有味。

温柔是一种境界。它能折射出一个人的兴趣情调、品质修养。女性的温柔是民族遗风、文化修养、性格培养三者共同凝练所致。一个女人，善于在纷繁琐事、忙忙碌碌中温柔，善于在轻松自由、欢乐幸福中温柔，善于在柳暗花明时温柔，善于在关切和疼爱中表达温柔，善于在负担和创造中温柔，更善于填补温柔、置换温柔，这是走向成功的不可轻视的艺术。

温柔是女性独有的特点，也是女性的宝贵财富。如果你希望自己更完美、更妩媚、更有魅力，你就应当保持或挖掘自己身上作为女性所具有的温柔天赋。

你应该努力变得通情达理，这是女性温柔的最好体现。待人以宽，为人谦让，凡事多为人着想，别让人难堪。

你应该努力变得更加细致周到。那份适时的细心关怀和体贴比什么衣着打扮都更能让人心动。

你应该努力达到"以柔克刚"的境界。不要遇到不顺心的事就火冒三丈、风度全失，或者痛哭失声、无力把持。温柔女人应笑对人生，永远安详美丽。

你应该努力变得更有见识。知识能够充盈你的头脑、丰富你的内涵，更能使温柔的你散发由内而外的光彩。

你应该努力变得更大方。不小气，不嫉妒，不讲闲话，不闹脾气，不要小性子，那些不成熟的小女孩做派不应属于一个温柔的你。

请记住：温柔绝不等于软弱。娇滴滴、嗲声嗲气、小女孩腔、乱撒娇这些刻意的东西与温柔无关，除了能吸引一些肤浅的男子，只会被大多数人看成是惺惺作态。这样的女人一遇到问题，就希图耍一把"假"温柔，博取别人的同情，而自己却欠缺处理问题的能力，软弱得可怜。

真正温柔如水的女子不喜欢张扬，她有更多的时间、更大的自我空间装下这一腔柔情；她心细如发，心思缜密，本能保护自己的意识很强；她不是太过火热激情的人，开始也许不易相处，但她善良的心和优雅的言行举止足以为她带来更多的知己；她爱读书，懂艺术，志趣高雅，内心丰富而饱满；她一旦动了真情便不会随风摇摆，总会用真心和细心去体贴自己的爱人。

女性的似水柔情，对男性来说，是一种迷人的美，也是一种可以将其征服的力量。一位诗人说："女性向男性进攻，'温柔'常常是最有效的常规

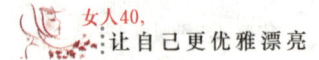

武器。"女人的温柔包含很多种,善解人意、宽容忍让、谦和恭敬、温文尔雅。不仅有纤细、温顺、含蓄等方面的表现,也有缠绵、深沉、纯情、热烈等方面的流露。有的女人无限温存,像牝鹿一般;有的女人像一道淙淙的流泉,通体内外都充满着柔情……总之,女人的柔情各式各样,都像绚烂的鲜花,沁人心脾、醉人心扉。

真正的好女人,应该是爱的使者、温柔的化身,暗香长留。幽美温馨温柔的女人,是微笑的天使;温柔的女人,是美丽的永恒!希望四十几岁的你,能将自己的温柔发挥到极至。

▼ 女人的宽容其实就是幸福

宽容是一种宽广的胸怀,是对人对事的包容和接纳。宽容是一种高贵的品质,是精神的成熟、心灵的丰盈。

对于个人而言,宽容无疑会带来良好的人际关系,自己也能生活得轻松、愉快;对于一个团体而言,宽容必定会营造一种和谐的气氛,利己利人。宽容是建立良好人际关系的一大法宝。宽容的女人是美丽的,她们勇于承担责任,既无损自己的体面,又保全对方的面子,使人心存感激,并满怀敬重;她们宽厚容忍、心胸宽广,与嫉妒、小气等词语绝缘,使人在与她们交往时如沐春风、如饮甘霖;她们有一颗善良的心,总是自觉地设身处地从别人的角度考虑问题,为别人着想,宽容的她们使身边所有人感到轻松、愉悦。

宽容是智者惯用的手法,宽容能化解严寒中的坚冰。一个人如果不能原谅别人的缺点,他的心就永远是痛苦的。俗话说:"尺有所短,寸有所长""人非圣贤,孰能无过"。因此,能原谅别人标志着一个人有风度,这个人也会获得别人的尊重和认可,能够更好地建立良好的人际关系。

与人相处,不要只想到别人曾经对自己有过伤害,而应多想想别人对你曾经有过的帮助和善行,以便"滴水之恩,涌泉相报"。能够记住别人善行的人,说明自己的心是宽广的,并充满了爱;常常记住别人对自己的伤害的人,只能体现自身的狭隘和刻薄。

宽容,意味着你不会再患得患失。

宽容,首先包括对自己的宽容。只有对自己宽容的人,才能宽容他人。人的烦恼一半来源于自己,即所谓画地为牢,作茧自缚。宽容地对待自己,就是心平气和地工作、生活,这种心境是充实自己的良好状态。真正的宽容,应该是能容人之短,又能容人之长。

宽容的过程也是"互补"的过程。别人有此过失,若能予以正视,并以适当的方法给予批评和帮助,便可避免大错。自己有了过失,亦不必灰心丧气、一蹶不振,同样也应该吸取教训,引以为戒,取人之长,补己之短,重新扬起工作和生活的风帆。

宽容,它往往折射出一个人为人处世的经验、待人的艺术、良好的涵养。学会宽容,需要自己汲取多方面的"营养",需要自己时常把视线集中在完善自身的精神结构和心理素质上。宽容,更是一种智慧。

懂得宽容的女人,堪称一个智慧的人,她总使一些猜忌和误会消失于无形,由此避免许多无谓的冲突和不良的后果。

如果自己能够宽容别人,不但自己能够及时释放心理垃圾,而且别人也能够因此而宽容自己,同时与自己友好相处。假如别人伤害了自己,千万不要只会怨恨,关键是要学会宽容,并避免被别人再次伤害。心胸太狭窄,绝对是一件坏事。报复心太强烈,只能害自己。宽容别人不仅是一种美德,更是让自己健康长寿的秘诀。愤怒是毒药,宽容是良药。

学会宽容能使自己保持一种恬淡、安静的心态，去做自己应该做的事情。整日为一些闲言碎语、磕磕碰碰的事情郁闷、恼火、生气，总去找人诉说，与对方辩解，甚至总想变本加厉地去报复，这将会贻误自己的事业，失去更多美好的东西。女人要成为一个生活的强者，就应豁达大度，笑对人生。有时一个微笑、一句幽默，也许就能化解人与人之间的怨恨和矛盾，填平感情的沟壑。

宽容，应该是每一个四十几岁的女人所拥有的美好品德。因为学会宽容是一个女人成熟的标志。宽容的人常常表现出勇于承担责任的作风，如果肯检查一下自己，就可以从失败和差错中找到自己所应负的责任。当一个人心平气和的时候，才可能保持清醒的头脑，找出失败的原因，采取克服差错的有效措施，以便更加努力地工作。

当然宽容不是无条件的，要因人、因事、因时、因地而异，对于挑拨是非、两面三刀、落井下石、陷人于罪、背信弃义的小人，对于违法乱纪、胡作非为、兴风作浪、不知悔改的恶人，是不宜讲宽容的。所谓"大事讲原则，小事讲风格"，即是应取的态度。

善良带来快乐

善良的女人并不意味着会有好的结局，因为她们可能不知道如何保护自己，因此，善良往往意味着要被恶人欺负。可作为一个四十几岁的女人，你对自己的各种要求里面，最首要的一条就是善良。

女人，因为有了善良、聪明才不会迷失方向，心胸才能宽阔，目光才会高远，能够指引你获得更多的信赖和人气。这种内在的气质修养比任何化妆

第三章 优雅从容地过好每一天

品都更能滋润你的心田,让你的魅力光彩绽放一生。

一个冬天的晚上,詹姆斯的妻子不慎把皮包丢在了一家医院里。詹姆斯焦急万分,连夜去找。因为皮包内装着10万美元和一份十分机密的市场信息材料。

当詹姆斯赶到那家医院时,他一眼就注意到,一个冻得瑟瑟发抖的瘦弱女孩靠着墙根蹲在走廊里,在她怀中紧紧抱着的正是妻子丢落的那个皮包……

这个叫尤兰达的女孩,是来这家医院陪妈妈治病的。相依为命的娘儿俩很穷,卖了所有能卖的东西,然而这样凑来的钱也仅够一个晚上的医药费,明天她们就得被赶出医院。近乎绝望的尤兰达一个人在医院走廊里徘徊,她天真地乞求上帝保佑,能碰上一个好心人救救她的妈妈。就在这时,一位夫人在经过走廊时把腋下皮包掉在了地上竟毫无知觉。她走过去捡起皮包,急忙追出门外。可是那位女士却上了一辆轿车扬长而去。

当尤兰达回到病房,打开那个皮包时,娘儿俩都被包里面成沓的钞票惊呆了。那一刻,她们心里都明白,用这些钱可能治好妈妈的病。妈妈让尤兰达把皮包送回走廊去,等丢皮包的人回来取。尤兰达默然同意。虽然她知道她们很需要那笔钱用来治病,但是她更理解母亲的为人和品性,母女此时竟形成了一种默契。于是,尤兰达一直在冷清的走廊里等待着钱包的主人。

詹姆斯感激不已,主动提供了她们急需的帮助。不幸的是,医院尽了最大的努力,还是没能挽救尤兰达母亲的生命。所幸的是,由于母女俩的善良之举,詹姆斯不仅挽回了10万美元的损失,更因那份失而复得的市场信息而使自己的生意日渐兴隆。不久,詹姆斯就成了身价倍增的富翁,他决定收养尤兰达。

被收养后的尤兰达,读完大学就协助詹姆斯料理商务。虽然詹姆斯一直

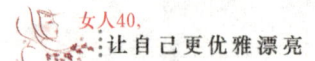

没委任她任何实际职务，但是，富商的智慧和经验潜移默化地影响着她。她在长期的历练中，成了一个精明成熟的商业人才。詹姆斯到晚年时，很多商业决策都要征求尤兰达的意见。

詹姆斯临危之际，留下这样一份遗嘱：

"在我认识尤兰达母女之前我就已经很有钱了。可是，当我站在贫病交加却拾金不昧的母女面前时，我发现她们最富有。因为她们恪守着至高无上的人生准则，这正是我作为商人最缺少的。是她们让我领悟到了人生最大的资本是品行。

"我收养尤兰达既不为知恩图报，也不是出于同情，而是请了一个做人的楷模。有她在我的身边，生意场上我会时刻铭记，哪些该做，哪些不该做，什么钱该赚，什么钱不该赚。这就是我后来事业发达的根本原因。

"我死后，我的亿万资产全部留给尤兰达。这不是馈赠，而是为了我的事业能更加兴旺。

"我深信，我聪明的儿子能够理解爸爸的良苦用心。"

詹姆斯从国外回来的儿子，仔细看过父亲的遗嘱后，毫不犹豫地在财产继承协议书上签了字："我同意尤兰达继承父亲的全部资产。只请求尤兰达能做我的夫人。"尤兰达看完富翁儿子的签字，略一沉吟，也提笔签了字："我接受先辈留下的全部财产——包括他的儿子。"

休谟说："人类生活的最幸福的心灵气质是品德善良。"一个心地善良的人，必是一个心灵丰足的人，同时，善良的举动也会带给他人内心的感动和震撼。善良的品行能够赢得真诚的尊重和永久的财富。人不能靠欺骗来生活，不能欺骗别人，更不能欺骗自己的良心。有时，善良的表现还会给自己不可思议的回报。而一个享受不义之财却仍能心安理得的人，不会享受到真正的人生幸福和快乐，总有一天会受到命运的责难，要知道，上帝往往会眷顾那些善良的人。

女人，给予他人的帮助，是一定能得到相应的回报的，只不过是早晚的事。但是，帮助别人的目的并不在于想索取什么回报。那位年轻女士，她的所作所为绝非为了得到什么，而是处于同在孤立无援境地中的一种同情和邻里间互相扶助的热心。

如果帮助人的目的是要得到回报，那就不是帮助了，而是一种变相的交易。能够给予别人帮助，证明你在这世上还有存在的价值。如果说帮助真的是有所期待的话，那就是——共同快乐！

每个女人应该在心中播种善良的种子，如此，日后方能绽放出绚烂的花朵。"善良即是历史中稀有的珍珠，善良的人便几乎优于伟大的人。"一个爱的字眼，有时能把人从痛苦的深渊中拯救出来，并且带给他们希望；一个微笑，有时能让人相信他还有活着的理由；一个关怀的举动，甚至可以救人一命。有不少人曾经非常认真地考虑过结束自己的生命，但当在电梯里有个陌生人跟他们打了个招呼，或接到一个朋友打来的电话说"我心里正念着你"之后，便打消了自杀的念头。仅仅一个关爱的真实刹那，就足以改变一切。

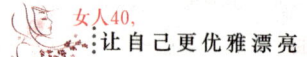

PART 2　提升品位，享受品质生活

▼ 品位，时间打不败的美丽

女人的品位，是时间打不败的美丽。正如一位作家的名言："女人是一种指标，如果女人都散发出品位，社会自然成为泱泱大国。"

女人的品位是一个女人内涵的外在表现。

一个人的品位，是与其环境、经历、修养、知识分不开的。四十几岁的女人深深懂得，只有有意识地培养良好的修养，积累丰富的知识，才能有充实的内心世界，才能表现出高尚的思想和高雅的品位。她乐观向上，她拥有高雅的爱好和情趣，会用自己的眼睛发现身边的美，并用心去感受它。她有丰富多彩的内心世界，她兴趣广泛、人文素养深厚、学识渊博。当她们谈起话来，古今中外信手拈来，旁征博引、才华横溢。她们像一部百科全书，有探索不尽的无穷宝藏，却无丝毫酸腐的陋习俗气。她们举手投足之间都挥洒出艺术的才能、淑女的风范。

有品位的女人是一个精神的独行侠，在雅俗世界里，她是个第三者。不媚雅、不媚俗，总是有一套独行其是的生活准则。

她从不为体面而窘迫，即使在物质条件有些贫乏的情况下，她也会精心地把自己包装得恰到好处，不失品位。

她的言谈举止总在分寸之内，守望着体面的最后防线。她时不时地流露智慧，在驾驭气氛和控制场面方面，挥洒自如，从不会让人感到冷落或寂寞。

她的慧质，体现在她卓尔不群的气质中。表面上看起来她娇娇柔柔，却有一种四两拨千斤的气魄。为着防止不体面的球滚进她的"球门"，她就像一个身怀绝技的守门员那样，兢兢业业地用智慧把守她的"球门"。在她的意识中，失去品位，便是等于失去了灵魂，便成了行尸走肉，所以，她宁愿舍生，也不愿品位降低。

这是一种内在修养的外露，是精神的雕塑。它是底蕴深厚的，难以模仿的。围追打杀"迫害"不了它的内质，矫揉造作"克隆"不了它的容貌，万般劫夺也难以占为己有。

她是血管里流淌的高贵，那是灵魂绽放的花朵。

她的目光没有咄咄逼人的光芒，而只有温暖的柔光，但在黑色瞳孔里，仍难掩那种矜持的冷漠。她乐善好施，所以她有很多朋友，但她知心朋友只有一个，一个用灵魂来对话的朋友。

世俗的女人总穿"别人"的衣服，将自己的个性消融在群体的潮流中；摩登女人炫耀那身亮丽的名牌，在有品位的女人眼里是高价的"俗气"；另类女人的衣饰，又过于张扬，仿佛是声嘶力竭的呐喊，是迫不及待、过分夸张的表白，在个性追求上过于感性，近似疯狂。

有品位的女人的时装哲学，总在默默无声中诠释着"品位"的内涵。材质不再高贵，追求不再疯狂，在和顺中透出适当的精致、体面的高雅。体面而舒适，符合自己的兴趣。

或许远离时尚流水线，但她从来不受世俗眼光的左右；她往往在自我创意中沾沾自喜，在超凡脱俗中追求含蓄。因为她相信：含蓄是一种境界，它

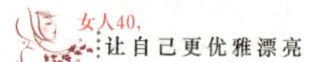

有助于塑造气质的矜持。兴之所至，她常常会自己动手裁剪一身"时装"，把品位点缀得一目了然。它不一定是高级面料，没有专业的做工，但却让人觉得意味隽永。

那种产于18世纪巴黎餐厅的聚会形式，一直是有品位的女人所钟爱的业余生活。清冷的街灯下，从出租车里迈出的衣鬓散发着咖啡浓香和淡淡香槟酒气味的夜归人，脸上还写着吧屋聚首的兴奋；泡沫红茶坊的那杯清香，也袅娜着沙龙的余韵；近几年在现代大都市中翩然而至的国际会所，更是有品位的女人的绝好选择……她们乐此不疲，为的是让各自的品位在这里碰撞、融合、提升。品位不再是坚守寂寞，因而品位常有流俗的危机。但从本质上说，品位应该是孤傲的，孤芳自赏，独立不羁，以冷漠的眼神傲视一切喧闹，自信地散发幽香。所以有品位的女人们无奈地叹息："人多的时候最沉默，笑容也寂寞！"

她们相信艺术能调制格调，于是，她们身上便出现了艺术家的气质。

她们从来不是艺术家，但有着极好的艺术悟性，与艺术通灵性。正是这种良好的艺术气质，让她们从芸芸众生中脱颖而出，成为散发独特光辉的一群。

▌ 内涵是女人最好的化妆品

《简·爱》为我们塑造了一个拥有丰富内涵的知性女子，她的自尊和对光明、圣洁、美好的追求，打动了成千上万的读者。

简·爱生存在一个父母双亡、寄人篱下的环境中，从小就承受着与同龄人不一样的待遇，姨妈的嫌弃、表姐的蔑视、表哥的侮辱和毒打……这是对一个孩子的尊严的无情践踏，但也许正是因为这一切，激发了简·爱无限的

第三章 优雅从容地过好每一天

信心、坚强不屈的精神和一种不可战胜的内在人格力量。

在主人罗切斯特先生的面前,她从不因为自己是一个地位低贱的家庭教师而感到自卑,反而认为他们在精神上是平等的,不应该因为她是仆人,就不能得到别人的尊重。也正因为她的正直、高尚、纯洁,心灵没有受到世俗社会的污染,使得罗切斯特为之震撼,并把她看作一个可以和自己在精神上平等交谈的人,并且深深地爱上了她。他的真心让她感动,她接受了他。而当他们结婚的那一天,简·爱知道了罗切斯特已有妻子时,她觉得自己必须要离开。她这样讲:"我要遵从上帝颁发世人认可的法律,我要坚守住我在清醒时而不是像现在这样疯狂时所接受的原则。""我要牢牢守住这个立场。"这是简·爱告诉罗切斯特她必须离开的理由,但是从内心讲,更深一层的东西是简·爱意识到自己受到了欺骗,她的自尊心受到了戏弄,因为她深爱着罗切斯特。试问哪个女人能够承受得住被自己最信任、最亲密的人所欺骗呢?然而,简·爱承受住了,而且还做出了一个非常理性的决定——离开她的爱人。在这样一种非常强大的爱情力量包围之下,在美好、富裕的生活诱惑之下,她依然要坚持自己作为个人的尊严,这是简·爱最具有精神魅力的地方。

简·爱的形象影响了一代又一代人,她那纤纤弱弱的身躯里竟然蕴藏着如此巨大的能量,内心如此高贵,内涵如此丰富,表现出生命力和强大的人格魅力,时光流转,魅力永不减退。

内涵是女人魅力之本。有内涵的女人就像一杯清香的茉莉花茶,意味深远,令人回味无穷。她充满知性,眼光精明,绝不是小女子见识。她的悟性缘于对生活、艺术的理解,她的气质缘于人格深层的自然流露,她稳重、知性,周旋于人与人之间,应付自如。她是春天的柳枝,外表温柔,内心坚强。她是海天中的沙鸥,一飞冲天。她执着于自我风格的体现,无论是工

作、生活都自信、自尊，追求完美。她爱自己，更爱他人。她是春天的雨水，润物细无声；她是秋天的和风，轻拂你的脸庞。她以女性的特有情怀，放开胸襟去拥抱整个世界。

有内涵的女子是天上的彩霞，一抹微笑、一个眼神、一句睿智的话，都值得你回味、心醉。

那么，四十几岁的女人又该如何提高自己的内涵呢？一般而言，中国传统的琴、棋、书、画是充实内涵的最好方式。因为这四者中无论哪一种，其本身就蕴含有极其深厚的文化底蕴，这对学习者心灵的滋养是大有好处的。另外，也可以运动、读书等。只要培养起一门业余爱好，无论是跳芭蕾，还是唱卡拉OK，或是其他的爱好，凡是那些有益身心的事，都可能在潜移默化中对你的内涵产生影响。

▶ 让女人长久美丽的秘密

从一个女人的脸上，我们能看到她对自己年龄所抱的态度。当一位40岁左右的女人看一位美丽的年轻姑娘时，如果这位女人对她过去的生活不满意，那她就很难掩饰对那年轻姑娘的嫉妒；如果她满足于自己的过去，她便会带着慈爱与宽容的目光注视那姑娘。

我们经常能够从一些上岁数的女人身上得到启示。有很多女人，尽管已经很大的年龄，但仍是美丽的女人。她们在一生中总是那么美丽，她们虽然已经不再是姑娘了，但仍然可以充满自信，极有吸引力。

不过，大多数女人都很少去想自己老了以后将是什么模样。也许她们偷偷瞥见母亲或祖母时曾这样想过，也许当她们看见一位上了岁数却颇有吸引力的女人时曾对自己说过："如果我在那个年龄时仍有这般模样，我就满足了。"

这一点，法国女性非常值得我们学习。在赞赏女人的成熟美方面，法国是一个堪称楷模的国度。她们普遍认为，一个不到三十岁的女人是未经世面、缺乏经验的，绝不会有她的老大姐的那种魅力。一位法国人曾说："处于35岁与45岁之间的女人是老了。但是过了45岁，魔鬼帮助了这些女人，使她们变得美丽、热情、光彩照人，乖戾的脾气已被平和的心情取代。这样的女人会博得赞美，因为男人们发觉她们不再衰老了。"听了这话，你不想去巴黎吗？当然，即使你去不了巴黎，你也可以知道如何变得"热情和光彩照人"。

女人在为自己塑造一个持久的美的形象时，碰到的首要问题是寻找一个独具个性的外表。比如，格丽塔·嘉宝和凯瑟琳·赫本，都有个性鲜明的外表，并在任何年龄都是那样优雅。她们知道什么样的衣服和化妆适合自己，并在一生中始终保持这样的形象。

随着你年龄的增大，你的化妆就要淡一些，这是一条很简单的规律。人们往往看见一些上了岁数的女人竭力用越来越重的化妆来掩饰她们的年龄。但这实际上只能起反作用。你化妆时笔触要轻，这样底色的色彩就正。因为当你年龄增大，你的皮肤颜色常常会变得苍白。你也许会发现在大多数情况下你只需稍稍打一下底色，有的甚至不需要打底色，只抹一些腮红与口红就可以了。如果你想使用一些底色，要使用很稀的，各种水基底色的色彩是最淡的，就是将湿润剂与底色用手掌抹匀，这会使底色减淡，同时又使你的皮肤保持湿润。不要抹上厚厚的粉，那样会出现块状和龟裂。眼部使用描眼膏也要注意，使色彩柔和，线条模糊些。

当我们步入40岁的门槛，我们的身体开始让我们感到有些力不从心了。

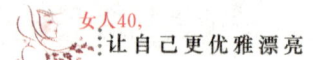

这并没什么可怕的,如果我们拒绝接受这一事实,则是愚蠢的。你不可能晚上熬了夜,早晨起来仍精神焕发。为了保持你的体形,你得做更大的努力。要注意饮食,尽量多在皮肤上使用湿润剂,注意有充足的睡眠。

有一个方面我们大家都想得不多,这实在是很不应该的,因为作为一名成熟的女性,它是我们首先应该注意的方面。衰老时期的一个矛盾就是,当我们感到对自己的身体信心减少时,我们也常常忽视了本来在这时我们更加需要的一个方面,这就是,我们心灵的成熟。

当你告别了学生时代,便觉得自己再也不需要学什么文学、历史、哲学和艺术之类的知识了,这种想法显然是不对的。作为成年人,学习新东西能带来快乐,使我们的生活更加丰富充实。如果你回顾一下你上学时候看过的一些书,毫无疑问,作为孩子你对那些书实在不喜欢,但如果你今天再重读它们,你会吃惊地发现,它们居然会给你带来那么大的快乐。

今天女人们的作为,是她们的母亲做梦也想不到的。我们是非常幸运的,因为我们生活在一个对任何年龄的女人都有着美好前景的时代里。但必须指出的是,这样的前景只是对那些心灵健康发展、总是准备做新尝试的女人才可能存在。一个女人如果把她的时间全花在涂脂抹粉以掩盖缕缕皱纹,施黛染发以永驻青春容貌,穷修苦炼以恢复窈窕身姿上,到头来必然一事无成,因为她追求的目标是不可能达到的。

因此,如果哪一天你体重有所增加,需要戴老花眼镜,觉得膝盖阵阵发疼,看到手上有几块深棕色的老年斑,你不必为此而感到失望。青春的源泉依然存在,它就是你的心灵,你的才能,你的创造力,你所爱着的人的存在。当你学会如何引来这青春之泉,你便真正战胜了衰老。

女人与音乐的暧昧关系

自古以来,掌握琴棋书画的本领便是才女的标志;今天,拥有专业以外的艺术才能,会为众多知识女人锦上添花。

女人与音乐其实关系重大——有人这样说。

如果没有朱丽叶塔、泰丽莎、卡洛丽娜、克拉拉、乔治桑、卡洛琳、玛蒂黛、柯西玛和梅克夫人等女人,我们今天极可能无缘欣赏到贝多芬、韦伯、舒曼、勃拉姆斯、肖邦、李斯特、瓦格纳等人的许多旷世奇作。

女人的曲线好比音域起伏,她们的喁喁私语如小夜曲,她们的澎湃情怀似交响乐,她们是乐器的翅膀,她们是音符的姐妹,姿态像笛一样轻盈但只为悦己者而奏,心弦像湖一样轻柔只为知己者细细拨动。

女人与音乐的关系暧昧,音乐是女人的公开情人,没有音乐的生活单调乏味,给人一种度日如年的感觉。

正因为如此,无论你是在四十岁的门外还是已经步入这扇门内,在你的生活中,音乐应是无处不在的。

(1) 让音乐进入厨房

想做好菜得花时间,花大把大把的时间。女人放进厨房里的音乐,是一首又一首的流行歌曲,其中以爱情歌曲最为合适。听得久了,都不知道女人是在烹饪食品,还是在烹饪爱情。

女人喜爱在厨房里练歌,她们不敢唱出声来,大多数时间是小声哼哼。能听到女人在厨房唱歌的男人,都是幸福男人。

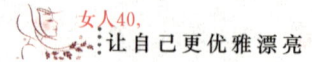

（2）把音乐摆上餐桌

音乐这道食品，只能赏心，不能悦目。它是一道开胃小菜，吃得再多也不会发胖。女人的餐桌，有水果、有咖啡、有面包，还有源源不断的古典音乐。

有人说，女人没有胃口，那是因为餐桌没有音乐。这句话说得有道理，再难吃的东西，有音乐相伴，也会变得香甜可口。

（3）让音乐洋溢在书房

喜欢阅读经典名著的女人越来越少了，她们在书房里写信的时间比看书要多十倍。书房里的音乐当然不能太吵，肯尼·金的萨克斯，或者理查德的钢琴小品，都是绝佳的选择。

展开女人的书信，细心的你，能品味出音乐的节奏来。

（4）躺在沙发上听音乐

沙发的休闲功能仅次于床，躺在沙发上听音乐的女人无处不有、无时不在。这时的音乐不能太闹，也不能太闷。太闹，你将心神不宁；太闷，你将酣然入睡。

推荐两个台湾歌手给你吧：一个是齐豫，听她的歌你能明白什么是漂泊；一个是蔡琴，听她的歌你能明白什么是寂寞。

（5）让音乐在卧室弥漫

女人的卧室类似于女人的皮包，轻易不向外人开放，一旦打开，便觉得不过如此。卧室里的音乐自然带有神秘色彩，女人喜欢神秘，神秘的东西具有诱惑力，容易套牢男人。

卧室里的音乐暧昧，暧昧得让人呼吸不定，心跳加速。男人喜欢在卧室里听麦当娜的歌，女人喜不喜欢在卧室里听麦当娜的歌，取决于进卧室的男人是不是心中的最爱。

（6）卫生间也可以音乐不断

什么地方让女人又憎又爱？当然是卫生间。这是女人保护自己戴上面具的地方，也是女人面对自己摘下面具的地方。女人在卫生间停留的时间可长可短，"减负"的时候短些，"加油"的时候长些。

可以武断地说，坚持在卫生间里听音乐的女人，嗅觉都不怎么灵敏。

（7）让音乐在阳台飘响

阳台上听音乐的女人最少，除非她是一个不拘小节的女人。阳台与海滩不同，能晒到的阳光只有那么一点儿，女人在阳台上晒太阳听音乐，也只能听进去一点儿。

你见过在阳台上听儿歌的女人吗？在阳台上听儿歌的女人，永远不会老。

一个有情调的女人，音乐会融入她生活的各个角落。有音乐陪伴每天的生活，这种感觉是美好的。

如果你有一位懂得怜香惜玉的丈夫，恭喜你，你已经有条件做个音乐女人了。

不管你是什么学历，也不管你的职业如何，你的手中必须有一定的"银子"。试想，再好听的音乐也不能听一辈子，总有一天是换碟的时候。

不管家人是否皱眉，不管邻居是否反对，大家都得高唱理解万岁，否则就可能引起"音乐战争"。

如果你的同事不是音乐盟友，赶紧改造她，若是她比你还能说会道，赶紧离开她。

听音乐当然不只是听了，音乐可以治病，也可以美容。听音乐之前，先翻翻书吧，了解一下如何用音乐来治病、美容。

▶ 在美妙大自然中感受自己

在每天的日常生活中,一旦接触大自然的机会太少,身体便会不由自主地渴望接近自然。在这种情况下,最好的方法就是立刻奔向大自然的怀抱。

只要接触大自然,便能让我们恢复活力,此外,大自然还能安抚我们的情绪,让我们变得乐观开朗,心灵得到满足。

面对大自然,有时不必做什么有形的思考,仅仅做一种感情的沟通就够了。从这种交流中,你会感到有无形的力量潜入你的身体里,给你无限的信心和力量。探究其原因,也许是大自然太伟大、太震撼人心了吧,它是取之不尽、用之不竭的力量源泉,神秘而深邃。

大自然能给予我们人类的激励、启发和想象是难以胜数的,有些更是无法言传的。一个简单的道理是:人类是从大自然中成长起来的,我们的根在大自然里。人类的思想不足以解释我们日益加重的困境,答案就在大自然里。虔诚地向大自然祈祷,寻求它无言的启示吧。

在大自然中,有许多你早已认识而且可以亲眼看见的事物——植物、海洋、山峦、沙漠……大自然中也有许多你可以通过书籍、影片去学习和了解的事物。但大自然中,还有更多你既不了解,也永远不能亲身体验的事物。

追求精神生活的人,一定要拥抱大自然。如果每天散步是你的养生之道,别忘了户外的美景与新鲜空气,它们会提升我们的心灵美感。阳光、蓝天,还有芬芳的泥土,多美的自然物!迈出你的第一步之前,请深吸一口新鲜空气,激发活力,然后欣赏今天的天气,无论它是阴是晴、是寒是暑。散步途中，你有没有看到青翠的树、唱歌的鸟儿、盛开的花儿？请让神奇的大自然激发你的活力、治疗你的心灵、提升你的精神。

如果你没有外出运动的习惯，至少，每天应该花点儿时间欣赏大自然，让大自然赐给你能量。请从明天开始，每天接触大自然，至少5分钟。去上班时，在你搭乘公车或走进地铁之前，利用时间，观赏一下天空的云彩，或是草地上的露珠。或者，下班后先不必急着返回家中，请在能接触到大自然的地方伫立5分钟，为又过了美好的一天而感恩。如果方便，抽空到附近的公园或草地散散心。而且，假日一定要去有自然美景的地方，在美妙的大自然中感受真正的自己。

在自然中，请你听：风在林间的呼啸，溪水叮咚的流动，鸟儿婉转的歌唱，昆虫唧啾的细语，还有空山无语的静寂……倾听，能让你贴近自然的心脏。闻：泥土、草丛、雨滴、腐朽的树木、动物新鲜的粪便……走进保护区，这里有都市没有的万物，有最纯粹的气息，闭上眼睛，让你的嗅觉来分辨一下你身边的环境。触：人与自然的亲近，是通过真实的接触来感受和实现的，这也是生态旅游所提供的。用你的手去抚摸大树、绿芽、花蕾……生命的交流并不需要太多的语言。

除了记忆什么也不要带走，除了脚印什么也不要留下。

树木本身具有我们肉眼所看不到的能量，这股能量能使人神清气爽、心旷神怡。若你对某棵树木特别有好感的话，正表示你和那棵树的磁场相合。张开双臂，静静地拥抱它吧。树木看似坚硬，抱起来却是意外的柔软。你可以一直抱到心满意足为止。树木一向是善解人意的，即使我们不拥抱它，只要待在树木的旁边，便足以令我们感到心平气和了。家中附近的公园或林荫大道上，若发现有自己喜欢的树木，不妨试着经常在它的旁边伫立，或尝试着抱抱它吧！

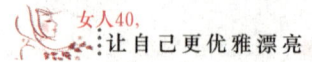

无意间闻到植物的气味，是一种意外的惊喜。因为植物的气味会令人产生幸福的感觉，这大概是上天赐给植物的力量吧！薰衣草可以舒缓情绪，薄荷可以提神……每种植物都有它独特的功效。当我们感觉精神不佳、身体不适，或者想放松、舒缓情绪的时候，都可以借由植物的神奇力量，让我们的生活更美好！

▶ 有一种快乐叫作旅行

大自然是慷慨的，带给我们的欢乐是丰腴的。各位中年朋友在工作之余，投身自然也是个不错的选择。

戴尔·卡耐基在谈及成功之道时感慨："我们不要这么忙碌，或活得这么快速，使自己无法倾听草地的音乐，或森林壮丽的交响曲。世上有些事情远较财富重要，其中之一便是要能欣赏简单的事物。"长期的工作压力，难免会使人产生烦躁情绪，这时选择暂离劳顿，去体验一下海的壮阔和山的巍峨，欣赏林海的涛声和星空的深邃；或者去摸一摸绿草的温柔，嗅一嗅花的芳香，闻一闻鸟的心语，看一看夕阳的余晖，都可以使人遐想联翩，心旷神怡，一扫工作的困顿和心情的烦闷，以达心灵的净化。更何况神奇的自然又带来几多创造的恩惠。

对于四十几岁的女人来说，旅游是一种陶冶性情、锻炼身体、增长知识的娱乐与健身活动。祖国的锦绣河山，景色秀美、绚丽多姿，无不向人诉说着人间风景的壮丽和秀美。旅游还是一种体力活动与脑力活动的轮流休闲，有助强心肺、减脂肪、壮健筋骨、健美肌肉，并使大脑疲劳区域得到充分休息。

人到中年，常思旅游，甚至比青壮年还起劲，主要原因就在于辛苦劳碌半世，快老了还不补偿？趁跑得动，开眼界，见世面，可以享受人生诸多快乐，最有益于身心健康。

只要有时间，金钱无须太多，去乡村还是去城市由你自己来定。现在有很多地方都设有家庭旅馆，还带有厨房什么的，你还可以用当地的东西学做当地的风味美食。这是一种很不错的度假选择。

你想去的地方，对于你是陌生的地方，事先了解好那里的一切，准备充分些，到了那里，你就不至于感到太陌生，说不定还会有一种亲切感呢！陌生的一切，对于你来说都是新奇的，你的眼睛里充满了不一样的事物，满眼的，看都看不过来。快乐随着你的新奇布满了你的眼、你的脸、你的心。

在这几天里，你漫步在街头，流连在农贸市场；也像个当地居民一样讨价还价，把当地的特色东西一一淘回"家"去，享用与往常不一样的饮食。然后，沿着一条街又一条街不断地走下去，只要你喜欢，没有什么不可以，注意安全就行。

到了一个地方，首先要了解的就是当地的特色，看完了特色，吃完了特色，你才不枉此行。也许你什么都不做，只是走走看看，注视一下这片天空，凝望一下日出日落，这就是放松了。只要你高兴，做什么都好。

在这个追求品位、崇尚个性的时代，独具特色的度假方式越来越受到人们的青睐，找一处心仪的地方，过几天不一样的美丽生活……

准备：一般在之前的15～30天就开始做准备工作了，如目的地的选择，行程的安排，预定酒店，预定车、船、飞机票，等等。在准备工作中会看许多书，了解当地的人文、习俗、景点和路线、交通状况、气候、酒店和特色餐馆及周边环境等。

出行：出行的交通工具因人而异。目的地较远时，时间紧的或是经济比较富裕的人就乘飞机。乘火车旅行的人比较多，也很方便。你也可以驾车出行，

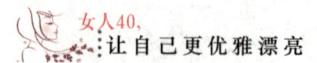

比较随心所欲，但沿途的住宿要早早就预定好。你还可以别出心裁地骑自行车去旅行。

住宿：旅游旺地的酒店都得提前预定，青年旅社和家庭旅馆也是如此，到了目的地再找住宿的地方几乎是没门儿，或者是价格高得离谱。酒店价格非常贵，而青年旅社和家庭旅馆比较便宜。

现在比较崇尚自助游的方式，旅行社可以提供各种套餐服务，比如只提供来回的机（火车）票，或是加上住宿，其他就由旅行者自己解决了，想到什么地方玩，自己去安排。

租别墅、名车，享受高档生活

如果以你的收入来说，住上属于自己的鲜花绿地、碧蓝泳池的别墅简直是白日做梦，但住别墅又一直是你的梦想，那也可以找一个假期实现这个梦想。花几千元租一套这样的别墅，在里面住几日，再花几千元租辆你喜欢的高档车，享受高档生活，尽情享受美好假日！

此后几天，你就可以开着喜欢的车在高速公路上飙车，躺在按摩浴缸里畅快地洗玫瑰花瓣浴，为娇艳欲滴的鲜花浇水，躺在后院摇椅上享受明媚阳光的亲吻。你会感受到另一种全新的生活。

体验鱼美人的感觉

如果你喜欢大海，喜欢与鱼儿共舞，那你可以去美丽的海边，潜水度假。当你徐徐潜入凉爽清澈的海水后，阳光被水折射成无数个星星，五彩的鱼儿，亲昵地依偎在你的身边，成串的气泡欢快地漂过耳际，而这时的你就可以自由地扇动脚蹼，体验鱼美人的浪漫感觉。

过几天田园生活

手机不开，网上QQ不露面，酒吧也找不到踪影……整个人在朋友圈里突然"蒸发"。这种"玩失踪"游戏是白领一族挣脱生活束缚、彻底放松身心的新颖度假方式。

找一个美丽的乡村小镇，过几天田园农家生活。在那里，尽情呼吸大自然的清新空气，闲暇时骑马、钓鱼或者下田感受耕作的乐趣。最重要的是，还可以吃到地道的乡村风味噢。

旅游新节俭主义：异地换房

换房旅游近年来在欧美各国很是流行，这种度假方式既避免了异地出游住宿的高额消费，又保证自家居所有人照看。如今，异地换房在中国也悄然流行。

如果你想去某地旅行，可以从报纸、网络搜寻此地的换房信息，也可以在网上和当地报纸上登个换房启事，这样就可以和也有此意的人士达成共识：假期换房居住！

这样的休假，是一种彻彻底底的休假，是一种回归自然的休假，是可以脱离所有工作和杂务的休假。选择自我恢复，展开心灵的翅膀腾飞吧。

▼ 生活情趣，让女人朝气再现

无论如何，生活都应该有情趣，尤其对一个40岁的女人来说。生活才是女人最终的归宿，多生活情趣，才能快乐生活，女人看起来才更加年轻漂亮，富有朝气。拥有良好的生活情趣，其实比想象的简单得多。我们可以从下面这些事做起：

（1）养一只狗

有人说，狗通人气。在同"狗狗"的长期相处当中，人与狗之间产生了感情。狗会在你愉快时与你共庆，围着你手舞足蹈。在你忧伤时，它会亲昵

在你的身旁，让你享受到无限的爱。晚饭后，一般人想坐在沙发上或躺在床上小憩，然后不由自主地进入梦乡，但当你有了狗伙伴后就不同了。它已习惯晚饭后外出遛弯儿，现在，狗正用鼻子顶着你的脚，让你带它外出，你只能提起精神，带着狗散步去。

（2）慎重吃早餐

生活安逸可能会导致身体逐渐发胖，而肥胖是健康的大敌，故必须适当调节自己的饮食习惯，不吃早餐和习惯吃油炸食品，对健康不利，要加以注意。

一日三餐要适量，一般吃七八分饱，多吃含蛋白质、维生素、纤维素的食品，新鲜蔬菜和水果是每日不可少的。

（3）开怀大笑

你也许是个深沉忧郁的人，平时独往独来，笑不露齿。其实乐事随时都有——书中、电视里，当你遇到了，就哈哈大笑。不是说了吗，"笑一笑，十年少"。大笑会降低血压和缓解紧张情绪，试一试吧。

（4）练习举重

生命在于运动，更年期女人运动多以散步为主，在这个基础上，一周两次、每次20分钟举较轻级的哑铃，既可以强壮骨骼、振奋精神，又可以减轻体重、美化体形，防止驼背，使骨骼挺拔。

（5）浅尝一小杯酒

大部分科学家建议，每天摄入一点儿白酒，对心脏有一定好处。这里说的是一点儿，不要忘了。白酒可以活血化瘀，舒筋活血。喝适量白酒，可以帮助睡眠，称为饮酒睡眠疗法。当然，如果经济条件允许，喝葡萄酒对身体更有好处。

（6）上个"学习班"

常言说，活到老，学到老。女人过了40岁以后，可以试着上个"学习班"。那些你过去不屑一顾的左邻右舍，如张大妈和李大姐，不知一天都忙些啥。姐妹们的热情你不要拒绝，加入她们的行列。向她们请教请教，学学烹调，做上一道菜，全家人的赞不绝口也是一种享受。上档次的，可以学学音乐、学学丹青，说不定还能"老有所成"呢。

（7）一个星期流汗一小时

流汗是一种排泄，就好像蒸桑拿浴那样痛快。你可选择慢跑、爬楼梯等有氧运动，在身体允许的情况下力求激烈，让你的身体和循环系统在一个星期畅通一小时。如果你是个爱清洁的人，不要请清洁工，卫生自己包下来，一个星期里里外外打扫一次，既流了汗，也可以欣赏一下自己的成果，何乐而不为。

（8）激素替代

专家认为，四十几岁的女人可以适当接受激素替代疗法，因为此方法可以降低心脏病的发病概率，而心脏病恰恰又是中年女人的大敌；同时又能预防骨质疏松，使身姿挺拔。

▼ 女人提升品位不得不去的地方

"我喜欢去同一家会员俱乐部点同样的木熏三文鱼"；

"我喜欢去'雕刻时光'看塔可夫斯基的经典老电影"；

"我喜欢去滑雪场体验在雪地里撒野的疯狂"；

"我喜欢去打一场认认真真酣畅淋漓的网球"；

"我……"

俗话说，"物以类聚，人以群分"，有格调的女人绝不会把自己的休闲

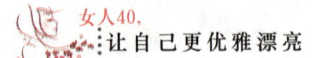

时光浪费在人声嘈杂的菜市场，她们会尽量找一个可以尽情释放自己又舒适有趣的地方。

（1）珠宝店

在珠宝店里，有格调的女人会花一些时间独自一人逛逛这些安静而玲珑剔透的地方。大多情况下她们并不一定会真的花钱去购买这里的东西。她们来这里更多的成分是为了消遣。

（2）高档餐厅

每周的某两天，有格调的女人一般会找一间让人们如雷贯耳的高档餐厅，约上三五个闺中好友或同事来此喝午茶，或下班后喝杯咖啡；要么就来上一杯看出一个人的品格和学问的美酒……

（3）游泳馆

对于生活在城市的现代女人，游泳不仅是一项有益于身心健康的运动项目，同时也是一种时尚，一种格调。在一些同样是都市丽人的聚会中，如果你敢说自己不会游泳，其实是一件十分需要勇气的事情。

（4）酒吧

当有格调的女人们厌倦了现实生活的忙碌与喧嚣的时候，她们会光顾"兰贵坊"或者"雕刻时光"这样具有小资情调的地方。这里时常放映安德列·塔可夫斯基、基斯洛夫司基、侯孝贤等人的老电影。她们还会和朋友一起坐在宽厚的大沙发上，津津有味地观看任何一部梦想中出现无数次的片子。譬如法国的、南斯拉夫的、伊朗的，甚至赤道几内亚的艺术影片，黑泽明的片子，甚至拷贝都已发黄的《滚滚红尘》等。

（5）艺术沙龙

有格调的女人都很热爱艺术，或者打算给别人留下热爱艺术的印象。所以她们经常观摩知名艺术策划人策划的艺术展览。她们经常穿着很艺术化的服装，优雅而专注地注视着一件件精美的艺术作品。

（6）高尔夫球会

有格调的女人除了去健身俱乐部以外，还会隔三差五地去参加高尔夫球会，在她们的心里，高尔夫球永远是一项高雅的运动。她们会找一个她们信任的教练来教她们如何打高尔夫球。

（7）网球场

她们经常会很阳光地出现在网球场上。她们穿着性感的网球装，表情阳光而健康，并且专注于接好每一个球。

（8）高档健身中心

有格调的女人不会去那种鱼龙混杂的健身中心，她们一般会去所在城市比较有名气、服务项目也别具特色的高档健身中心。我们经常会看见她们穿着最能显露身材的运动装，素面朝天地享受着运动给她们带来的乐趣。

（9）马场

一般情况下，她们不会花时间去劳累那已经散了一天步的老马，而是去那些有专门的马术训练的马场。

（10）滑雪场

滑雪虽然看起来挺骇人的，但其实是一项很好的休闲项目，所以滑雪场也是有格调的女人应该考虑的一个去处。你大可不必非得去黑龙江的亚布力滑雪场领略亚洲第一滑道的壮美，你完全可以去城市近郊的滑雪场上去尽情地过一过雪地里撒野的瘾。

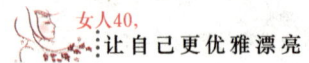

▼ 女人打太极拳的好处

说到太极拳，不少人会认为那是老年人做的一项运动，殊不知，太极拳对于临近或正处在四十几岁更年期的女人来说，是调节身体的一剂良药，也是静心的有效方法。

据有关方面对太极拳的功理和功法测试研究表明：太极拳具有较高的健身养生功效，它对人体的神经、循环、呼吸、消化、骨骼、关节以及肌肉等都有积极的影响，完全符合科学健身的规律。

对神经系统的调节

练习太极拳要求做到心平气和，精神内守，用意念引导动作，处处柔缓圆活，速度均匀而有规律。这就需要人体各个肌群相应的运动神经中枢之间，以及运动神经中枢与植物神经中枢之间达到高度的协调。这种有规律的调节过程，能改善各器官的功能。现代医学研究指出，长期练习太极拳者，脑电波的清醒波占主导地位，大脑处于良好的觉醒状态，这种状态能增强人体的内脏功能及免疫能力。因此，坚持练习太极拳，对神经衰弱、失眠、头晕、记忆力弱，以及由神经系统功能障碍造成的其他疾病，均有良好的防治效果。

对循环系统的调节

常言道："人身血脉似长江，一处不到一处伤。"这形象地说明了人体气血畅活对健康的重要性。太极拳是一种螺旋式的弧形运动，这种运动过程对血管与淋巴管能起到良好的机械按摩作用，促使阻塞的或狭小的小血管得以扩张，保持气血畅通。同时，太极拳的练习又要求全身肌肉的放松，从而反射性地引起血管舒张，最终减轻心脏负担，使高血压得以下降。因此，经常练习太极拳可以明显提高心肌的功能、改善心脏的供血能力、降低血管阻力和血勃度，从而对心、脑血管系统的疾病起到良好的防治作用。

对呼吸系统的调节

太极拳运动中的开、合、虚、实动作，要求与呼吸相结合，即实为呼，虚为吸。练习太极拳时，要气向下沉，即"气沉丹田"。这样可以保持胸宽和腹实的状态，使得胸部舒适、自然，腹部松沉，从而能有效地放松紧张的呼吸肌，改善肺通气量，增强肺的代谢功能，延缓肺的衰老。因此，练习太极拳能有效地防治肺气肿等疾病。

对消化系统的调节

练习太极拳，要求做到呼吸深长，这样能增加膈和腹肌的活动幅度，对胃肠等器官起着一定的按摩作用，进而增强胃肠蠕动，促进消化液的分泌和胃肠等器官的血液循环，最终提高胃肠的消化和吸收功能。长期练习太极拳，对消化不良、便秘、慢性胃肠炎等消化系统的疾病均有良好的防治作用。

对运动系统的调节

练习太极拳时要求做到松静安舒，以意领气，用意念引发劲力。这种劲力是在意念的引导下呈螺旋式运动时产生的，它发源于腹部，并通过腰部运至四肢，最后到达手指和足尖。这种螺旋式运动过程，能诱发机体内部的自动按摩，加快血液循环和新陈代谢。因此，长期练习太极拳，不但能保持骨骼、肌肉应有的弹性和韧性，使各关节周围组织的营养状况得以改善，而且还对关节变形、肌肉萎缩等病症有良好的防治效果。

此外，还有大量的事实证明，太极拳确实有它的益处。

已四十几岁的张女士，讲述了她练太极拳的经历。

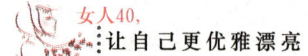

1998年她被诊断为乳腺癌，后来在医院做了切除手术。身体逐渐好转后。她出来工作。单位里一位练了二十多年太极拳的老师对她说："练练太极拳对身体的康复有好处，特别是有助于微循环、内分泌等。"后来，她便慢慢开始学着练。

刚开始的时候，她害怕胳膊肿，这是做乳腺切除手术时留下的后患，坚持一个月后发现胳膊不但没肿，反而原来的水肿也消了一点，于是便有了信心并继续练了下去。

她在化疗之后，大脑反应力和记忆力都遭到不同程度的损伤，对周围的一切反应都比较慢，觉得自己才42岁就这样完了，那时心里很难受。练了一段太极拳以后，就觉着记忆力有所恢复了，所学的太极拳套路动作名称不但都能记住，就连以前所学的知识也在记忆中慢慢恢复。如今，她已经很熟练地掌握了太极拳的路数，也相信自己能有一个好身体。

可见，太极拳的魅力非同一般。而"炼柔成刚，及其至也。亦柔亦刚，刚柔得中"或"刚中寓柔，柔中寓刚，刚柔相济"，这些所说的都是太极的最高境界。

▶ 做一个懂电影的女人

一个懂得电影的女人，绝对是一个有品位的男人不能放弃的追逐对象。她会像玫瑰一样馥郁芬芳，像咖啡一样意味悠长，像天使一样生活在人间。

她会在内心深处经常和自己喜欢的某个或者几个导演相遇、私语。在夜色阑珊的时候，她会打开自己的收藏，躲在软沙发里，把那些已经看了无数遍的影片，一遍又一遍地品味、把玩。能让她记住的、让她感动的，也许只是一句对白，一个眼神，或者一个不经意间划过耳边的音符，甚至一幅做背景的油画也可能触动她的心弦；她一定有自己最喜欢的电影音乐；她一定拥有每一部影片中那些不足为外人说道的奇妙感受；她经常光顾某间酒吧，也许就是因为能够听到她所迷恋的电影音乐。

做一个有魅力的四十几岁的女人，就应该看那些你该看的电影。

知道你自己该喜欢什么。如果你只喜欢贺岁片，在电影院里被葛优、梁天、赵本山那伙丑星逗得前仰后合的，当然是一种无可厚非的消遣放松。电影就像一面镜子，你喜欢什么，就好像被镜子照出来的你是一个什么样的人一样。选择看电影，可以从不同角度反映你的情趣、你的眼光。

你可以选择有品位的导演。不是说让你把他的作品全看一遍，至少你要知道他的主要作品，或者再容易一点，你可以很酷地说："伯格曼的，我只看《野草莓》。"喜欢某个导演是件很容易的事情，因为著名的导演实在是多，多到你不可能全知道。如果你能找出一个全世界人民都不知道的导演来，你却看过他的某部发行了的片子，那你就更酷了。喜欢导演千万别堕落为追星族，整天就惦记着他和哪个女影星闹绯闻了。

你还可以喜欢电影音乐。当然这有点难度。但是好的电影怎么能没有好的音乐呢？只评说电影，似乎还欠缺点什么。那如果你更知道欣赏配乐，你的层次就提高了。中国的谭盾、德国的汉斯·季默、美国的约翰·威廉姆斯……多让他们的名字在你嘴里溜达，别人会对你刮目相看。

你可以喜欢的东西和方式还有很多很多，比如喜欢某个国家的电影，喜欢某个时期的电影、某个类型的电影、某个明星的全部电影。如果你实在不知道你该喜欢什么，那你就多看看老电影吧，电影史上的经典基本上还是不会拉你下水的。在十里洋场上海西式小洋楼里一坐，配以20世纪二三十年代时兴的摩登摆设实物作为点缀，在迷醉昏黄的灯影下，在悠悠流动的老乐曲

声中，再现老电影传达给我们的许许多多的都市故事，那该是什么情调呢？《爱情故事》《钢琴课》《廊桥遗梦》《小城故事》《勇敢的心》《与狼共舞》《燃情岁月》……慢慢挑选吧。

▼ 欣赏地地道道的中国国粹

一位谈起交响乐或芭蕾舞就"口若悬河"、说起自己祖国的国粹却"哑口无言"的女人，就像一个孩子，自以为优秀，却不记得自己的母亲。

也许你能口若悬河地大谈柴可夫斯基，也看得懂高雅的西洋芭蕾舞剧，但是如果你连自己的国粹都不懂，哪怕是一知半解，那么你同样会被认为是追逐流行、华而不实的冒牌货。因为，一个有格调的女人在品赏洋文化的同时，定然不会忘记自己的"根"，就像一个被人认为是好孩子的人一定不会忘记自己的母亲。

京剧是地地道道的中国国粹，因形成于北京而得名，但它的源头还要追溯到几种古老的地方戏剧。

1790年，安徽的四大地方戏班——三庆班、四喜班、春台班、和春班先后进京献艺，获得空前成功。徽班常与来自湖北的汉调艺人合作演出，于是，一种以徽调"二簧"和汉调"西皮"为主，兼收昆曲、秦腔、梆子等地方戏精华的新剧种诞生了，这就是京剧。在二百多年的发展历程中，京剧在唱词、念白及字韵上越来越北京化，使用的二胡、京胡等乐器，也融合了多个民族的发明，终于成为一种成熟的艺术。

将京剧称做"东方歌剧"是因为两个剧种都是集歌唱、舞蹈、音乐、美术、文学等于一体的特殊戏剧形式，在形式上极为类似；同时，在各自不同

第三章 优雅从容地过好每一天

的文化背景中,它们都获得了经典性地位。

在人的脸上涂上某种颜色以象征这个人的性格和品质、角色和命运,是京剧的一大特点,也是理解剧情的关键。简单地讲,红脸含有褒义,代表忠勇者;黑脸为中性,代表猛智者;蓝脸和绿脸也为中性,代表草莽英雄;黄脸和白脸含贬义,代表凶诈者;金脸和银脸是神秘,代表神妖。

除颜色之外,脸谱的勾画形式也具有类似的象征意义。例如,有象征凶毒的粉脸,有满脸都白的粉脸,有只涂鼻梁眼窝的粉脸。脸谱面积的大小和部位的不同,标志着阴险狡诈的程度不同。一般说来,脸谱面积越大就越狠毒。总之,脸谱颜色代表性格,而不同的勾画法则表示性格的程度。

脸谱起源于上古时期的宗教和舞蹈面具,今天许多中国地方戏中都保留了这种传统。

在京剧的"票友"中有许多大名鼎鼎的人物,其中包括清朝的光绪皇帝载湉,他不但会唱戏,还能司鼓,并且是京、昆腔的多面能手。慈禧太后更是一个著名的大戏迷。

对于一个外行的你,应该怎样欣赏这门国粹剧情呢?除了具备京剧的基本常识,还应该多听、多看、多比较。由于传统戏曲重情感的抒发,看演员的表演就比故事情节来得重要,例如《牡丹亭》上演过几千遍,不知有多少人扮演过"杜丽娘",但至今《牡丹亭》一演出,观众仍要看演员如何诠释这个情窦初开的少女。而所有演员都可以根据自己累积的人生阅历再加以创造,所以,"杜丽娘"常因演员不同而有不同的风情,这就是为什么名角演戏常会吸引如潮的观众,原因就在于此。

以前观众听戏看戏挑名角,也挑戏。有人喜欢老生戏,有人偏好旦角戏,文戏、武戏各有所长。然而初学者根本无法掌握演出重点时,进入剧场看戏该先看什么呢?其实很简单,京剧中的折子戏,使各种行当的表演程式

都发挥了。所以,可以从行当的担纲来挑选剧目,如老生戏、花脸戏、旦角戏、武生戏等。现今的折子戏都是精益求精,每个折子戏都强调感官的艺术欣赏。所以,对于一个四十几岁的中年女人,如果对京剧着迷,并有学的愿望,不妨先从听觉和视觉享受着手吧!

▶ 沁人花香,调养情志

哪个女人不爱花?花草,不仅是美化生活的大使,给人以美和艺术的感受,而且也是改善环境、陶冶情操、增进健康的良友。经常养花种草的人,可以体会其中的喜爱和烦恼。看到红花绿叶,闻到沁人花香,顿觉心旷神怡。可以说,养花种草是中年女性朋友调养情志的一个好方法。

1.养花种草使人心情开朗

养花种草需要进行锄草、灭虫、防病、浇水、施肥等劳动,而且当狂风大作,暴雨来临之前,要把一些花草移入室内,避免风雨袭击;雨过天晴,又把花草送到室外。这些来来回回、周而复始的劳动在让人活动筋骨的同时,也充实了人们的生活。经过辛勤劳动,等到花开之时,便会让人心情格外开朗。

2.养花种草可以移情

清代医学家吴尚先曾经说过:"七情之病也,看花解闷,听曲消愁,有胜于服药者矣。"花草动人,能给人以美的享受;花草移情,能使人托物言志、以花寄情。人与花草情感相通,花草与人一脉含情。观赏花草,使人知贤哲之高洁;有竹相伴,似觉世上无有俗人。秋天,菊花一簇簇开得分外妖娆,霜后花更娇,枝枝傲放,不禁让人感到生命的坚强。

3.养花种草，点缀生活

花草的美除了可以让人移情寄情外，还可以装点生活。富丽堂皇的居室，有几盆花草点缀其间，可以增加雅趣；寒舍陋室，放几盆花草，也足以显出不俗。在房前屋后、庭院楼台，摆上几盆花草，在隔挡尘埃、调节气温和湿度的同时，也给生活增添一份温馨。

经常从事园艺劳动的人较少得癌症，而且寿命比一般人要长。这是由于花草树木生长的地方，空气清新，负离子积累也多，人吸进这些负离子后，能够获得充足的氧气；同时经常醉心于种植、培土、浇水、收获之间，容易忘却其他不愉快的事，从而调节了肌体神经系统功能，为防癌与癌症的自愈提供有利的条件。研究园艺养生的专家认为，多种慢性病患者可从种植花卉中得到不少益处。

现代科学证明，花草是天然的"芳香制造机"，花草的香气可以镇静安神、调和血脉。当您劳累烦闷之际，漫步公园花丛，就像饮了一剂精神营养剂，顿时感到轻松、愉快，精神为之一振。此外，时常身处宁静的花园中，还有利于中枢神经系统的调节，从而改善肌体的各种功能。例如，能使皮肤温度降低1~2℃，脉搏每分钟减少4~8次，呼吸放慢而均匀，血流减缓，心脏的负担减轻，嗅觉、听觉和思维活动的灵敏性也会得到增强。以花草为伴的人容易获得健康和长寿。

由于人的情志、爱好、性格的不同，又由于人们所处的自然条件与家庭环境的不同，可以有选择地养一些适合自己的花卉品种，以怡情养性，消闷解愁，陶冶情操，焕发精神，增强活力。以下是几种常见花卉对健康的益处：

菊花的清香可清肝明目，长期使用菊花枕芯，还可降低血压；

康乃馨的幽香有"返老还童"之妙；

紫罗兰和玫瑰的香味使人身心愉快；

柠檬香味可驱赶睡意，使人思路清晰；

薄荷的清凉气味有醒脑提神之功；

桂花的香味沁人心脾，使人疲劳顿消；

天竺葵的香味能镇静神经和消除疲劳；

金银花的香味有明显的降压作用；

茉莉和丁香的香味可让人感觉轻松和宁静……

因此，人们把这些花卉的芳香气味作为健身祛病的"保健医生"。

居室养花七忌

很多女性朋友喜欢在居室中养上几盆花，以装扮自己的生活空间。但是，在居室中养花时应注意以下一些方面：

1.病人居室养花

花盆泥土中真菌孢子扩散后，会使病人皮肤、呼吸道、外耳道及大脑等部分受到感染。

2.忌不修剪整形

合理的修剪可使花株健美，花朵娇艳。

3.忌空气干燥

当室内空气湿度不够时，很多花卉往往出现叶色暗淡无光，叶沿枯焦或呈现焦斑等现象，因此，可经常向叶面喷洒清水。

4.忌通风不良

通风不良的居室，会造成花卉植物生长不良，畸形，甚至死亡，同时也容易发生病虫害。

5.忌积聚灰尘

盆花在室内摆放过久，叶面上会积聚许多灰尘，这样会影响植物的光合作用。

6.忌施生肥

有的人将碎肉渣直接埋入花盆中,以增加肥力,其实这样做有害而无益。因为这些有机物质在发酵过程中会消耗大量的氧气,影响根系的正常呼吸,且发酵产生的高温会烧伤根系。

7.忌滥施农药

室内养花防治病虫害时不宜用剧毒农药。使用农药时,要严格掌握药液浓度,注意用药安全。

第四章
在温馨的港湾里，演绎幸福人生

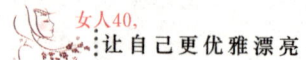

PART 1　打开婚姻的幸福通道

▶ 懂得婚姻的真谛

婚姻中的淡水流年是非常朴素和平淡的，有时甚至还带着几丝苦味，如果带着年轻时的风花雪月和初恋时的浪漫走进婚姻，婚姻不仅会令你失望，并且还可能会以死亡来向你抗议。

一位与丈夫结婚60年的女人，这样总结她的婚姻生活：

我和他共同生活了60年零216天，他总共给我送过3次花，不过他吻过我51278次；我们吵过216次架，但他对我说过2852次对不起；我给他擦过3621次皮鞋，他给我洗过12次脚，那是在我怀孕期间，我的大肚子使我无法弯下腰去；我给他叠了1967次衣服，他给我剪过19次头发；我给他买过316次袜子，他给我买过19次香水；他还让我怀过8次孕，生过6次孩子，2次流产。另外，我们还共同用过327管牙膏，参加过22次葬礼，一起和孩子出去野营过9次，我们把衣服放在同一个柜子里37年，我们共同拥有14位朋友。

可见，婚姻生活是平淡朴素的。人们往往用童话般的心理看待婚姻，这样就必然会导致诸多失落感。

恋爱时女人欣赏男人的穿着打扮，结了婚才觉得给男人没完没了地洗衣

第四章 在温馨的港湾里,演绎幸福人生

服并不是那么潇洒。

恋爱时女人相信男人偶尔的横眉立目是一种阳刚的体现,结了婚就会觉得这种态度十分可怕。

恋爱时女人感觉男人如同梦中的白马王子,结了婚才明白,潇洒英俊的王子也要吃喝拉撒。

倘若没有一颗平常心,抱着那种童话般的心理结婚的人肯定要大失所望。

自己是平常人,为什么要求所爱的人像王子呢?有了平常心,才会从平常中品味出真纯。这样,平淡才不至于无趣乏味。或者说只有正视平淡,不去抱怨,才能找出平常生活中的趣味。

就像咖啡,除非不想喝,如果想喝,就只有慢慢从它那种略带苦涩的滋味中品出咖啡特有的香浓来,或者给它添加点儿糖,让它变得韵味悠长。

有一个年轻女人,在热恋时经常莫名叹息,因为她的男友并不像其他的男孩子那样懂得浪漫。

在一次约会中,他终于向她表白了爱意。

她有生以来第一次经历一场如此激烈的思想斗争:答应嫁给他吧,生活便从此粗糙得像石头,单调得像灰砖;不答应吧,他除了不够浪漫之外,没有太多可挑剔的。他爱她、呵护她,让她时时刻刻都感到爱的存在。

权衡再三,她选择了做他的妻子。

若干年过去了,他仍旧只有弱小的浪漫因子。然而,他们却生活得很快乐。

"我很幸运,能有一个无比温暖的家。"她言语间洋溢着满足和幸福感。

其实,爱是一种实实在在的东西,像饥饿者手中的馍,容不得太多的花哨东西。

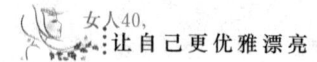

的确，在我们的生活中，并没有太多的大爱大悲，也没有多少让人们梦魂萦绕的情爱浪漫。很多平凡的男女带着简单的故事和经历筑起了一个个属于他们的小屋。

也许，他们并不奢求多么辉煌的人生，也不苦求心灵的契合，平平淡淡的日子就像水一样流走。

男人，女人，孩子，如燕子衔泥一样精心构筑着他们的小巢。丈夫，像一个真正的大男人一样保护着自己的女人；妻子，以女人温柔体贴抚慰着自己的男人。冬夜归来一盏不熄的灯、一条热热的毛巾，高兴时一次难得的浅酌对饮……

但这些已使我们平淡的生活一点一点地好起来，使那座小屋越来越温馨怡人。

婚姻如一杯热茶。幸福婚姻中的夫妻，则是沉浸在杯底的茶叶，舒展了叶片，静静地享受生活的滋润。

人们在婚前总是渴望婚后依然保持着热恋时的浪漫，梦想在欢庆的节日里有鲜花做伴，在休闲时夫妻相伴去远郊踏青。婚后才知道，结婚就是夫妻搭伴过日子，爱情已经转化成心中沉甸甸的责任和义务，表现为生活中对爱人的体贴和关怀。

婚姻为什么像一杯热茶呢？热恋时的情感如一杯滚烫的水，倾注进婚姻的茶杯。新婚的生活朝气蓬勃，但那时茶叶都浮在水面上，茶的醇香未能浸入水中。久了，茶叶与水都平静下来，生活逐渐变了色彩。慢慢地，茶叶舒展开来，展现出自己真实的面目。茶叶最终飘落杯底，于是世间多了一杯可口的佳茗。

失败的婚姻就是一杯没有泡好的茶。或者是水的温度不到沸点，或者是茶叶的质地不够精良。茶与水不相融时，茶叶浮在水面，茶的醇香永远不会

第四章 在温馨的港湾里，演绎幸福人生

沁人心脾。

做一个忠实于家庭的爱人，慢慢地沉入婚姻的杯底，奉献出自己的芬芳吧。普天下许多幸福的夫妻，都是经历了水乳交融的磨合，最终成为杯底的茶叶，你中有我，我中有你，彼此相依，绽放出恬淡的光彩，享受着彼此优雅的温情。

下面是一个善于享受精彩生活的女人的婚姻哲学，请听：

在整个地球上，有70多亿人。

在这70多亿人中，只有其中的一个人与你朝夕相处。这个人就是你的另一半——你的丈夫，他和你住在同一所房子里，养育着同一个孩子，使用着同一笔钱的同时，吃着同样的早餐。

如果可以，百年后你的名字还将和他的刻在同一块石头上。这块石头的名称叫墓碑。它将记载你，同时也记载他，它将告诉任何一个目睹此碑的人，别小瞧了这两个人，在这个世界上的70多亿人中，唯有她和他度过了最长也最隐秘的时光。

你能够在人群中一眼认出他来，因为他是你的丈夫；你也能够在危难时认准他会来救你，因为你为他生过孩子。

不管你们俩的工作单位如何不同，上班时间也各有不同，也不管天气是否刮风下雨，下班后，在潮水般的人流中，只有你们两个将回到同一个地方，这个地方就是家。

这个家只有两个人或几个人，就是你和他，或者还有孩子。你们有相同的钥匙可以打开同一扇门。

茫茫人海，芸芸众生，一个人在被称为家的地方等另一个人回来，一等就是几十年。

如果有一天，爆发了战争，在逃难的人群中，你的目光绝不会离开他。

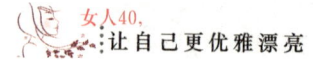

因为你知道,在这个世界上,人和人只要稍一疏忽就会永远分离。

如果有一天,战争结束了,你坐在公路旁,什么期望也没有,只期望能在人海中一眼认出他来。或许他永远不再回来,这样,你将走遍世界去找他,找不到就不回家。

即使没有发生战争,你也把他当作失散多年后重逢的人看待。

也许婚姻便是一场战争,在这之前,你们失散过,相识的那一天,你们又重逢了,多么不容易。然后是回了家,举行婚礼,然后便是过寻常日子,一日三餐,生儿育女。或许没有人知道,但你早已下定了决心:既然你跟了他,就绝不能负心于他。在这个拥挤的人世间,他是你的保护神,你们将共同走到生命的尽头。

婚姻的本色是平淡,浪漫不过是浮在生活表面的浅浅点缀,点缀得再美也不能取代生活平淡的本身。婚姻这杯热茶如果要好喝,固然需要滚烫的水和优质的茶叶,但也需要时间让茶叶在水的浸泡下露出本色,且互相渗透,达到你中有我,我中有你,彼此相依。此时,喝起来才会觉得平淡中散发着清香和韵味。

▶ 把美丽献给心爱的家

一个装潢得富丽堂皇的家,若没有女主人用爱细细地浸润,就不会成为一个舒心的家;即使一个简陋的家,因为女人的日日料理,也可以变得称心如意,温馨浪漫。

家是心灵的栖息地,家是避风的港湾,家是婚姻历程的见证者。只有在包含了物质与精神这两种因素时才称得上是一个真正的家,只有这样的家

第四章 在温馨的港湾里，演绎幸福人生

才让我们感到温暖与舒适，才让我们牵肠挂肚。家其实是一个和我们生命切实相关的地方，家不仅代表空间，而且代表时间，是世代相传的故事以及现实生活的全部。家里的阳光和空气也早已化为自己的体温，混合了自己的气息，即使远走天涯，仍然留在体内，能够激起你永久的渴望和怀念。

不同的家有不同的脸谱。有的家装修得富丽堂皇，有的家装修得清丽明快，有的家则装修得简简单单。但最重要的一点是，如果这个家没有女人，那会是什么样子呢？也许是名贵的兰花干了，优雅的身姿变成了一堆枯萎的垃圾；也许是精致的红木家具上积了厚厚的灰尘……而只要有女人，那个"花脸"的家便变得清秀了，漂亮了。即使是一个简陋普通的家，因为有女人的日日料理，也可以变得更让人称心如意。

1.漂亮闺房

家中有一个活泼可爱的女儿，是每个家庭最大的开心事。而家中最大的亮点是有一间女儿的闺房。这个房中绝对要充满浪漫的气息。有的闺房中故意刷上粉红色；有的则设了一个个人的精品橱窗；对于每个脑子里充满梦想的人，家居布置中的灯光都是非常有特色的；而一幅会飘动的窗帘，更是美梦的无限延伸。闺房中常会有淡淡的香水的味道，它清纯，但绝不浓烈。最有特色的是一只只布娃娃，它占据了闺房的明显的位置。另外就是许多的卡通图片或是千纸鹤，窗口挂着一串紫色的风铃，那是女孩子编就的七彩世界。

2.温馨卧室

一盏灯如何才能变幻出万般柔情？一面墙怎样才能让人感受其力量？温馨的卧室不一定会有如水的音乐感，但多半会有罗曼蒂克的味道。许是一盏心形的台灯，许是一张精致甜美的双人合影，许是鸳鸯戏水的地毯，许是一句镶在镜框中的誓言。温馨是卧室的主题，而制造这迷人氛围的自然是心灵手巧的女主人。

3.洁净厨卫

一个葱花香四溢的厨房，一个洁净干爽芬芳的卫生间，是女人造就了这些平凡的美景。刀叉锃亮，灶台会映出人影来，当然，还有迷人的玻璃或陶瓷的碗盆；卫生间里沐浴露的芬芳，洁白的瓷砖，一切正如窗外作响的风铃声，欢快、轻松、舒展。

这些都是来自一双勤快的女人之手，是女人奉献给家的杰作。虽然有的人可以请钟点工、保姆，但她们擦去的仅仅是灰尘，烧就的仅仅是饭菜。

而一位爱家的女主人，她知道在哪里挂一幅画可以使满堂生辉，知道怎样调节家的气氛，知道应在何时何地点亮情绪的蜡烛，拨亮家人的心，让这种情绪欢乐地燃烧。

锅碗瓢盆的交响曲中，总指挥是女人；而在居家的布置和打扮中，那个主角也是女人；在朗朗的读书声中，督促孩子学习的更是女人。于是这间屋子便因有女人而变得充满生气。

是的，一个好女人，她往往让房子有张洁净而舒爽的脸，使家有让人舒展和愉悦的气息。

女人是家的灵魂，家因有女人的存在而温馨浪漫。而一个好女人，也总是能精心筑就自己的爱巢，把美丽献给心爱的家。

▶ 用智慧去经营自己的婚姻

当我们结婚以后，也许就会失去当初的那种新鲜的感觉，不过只要我们懂得用心灵和智慧去经营我们的婚姻，我们同样可以创造出恋爱般的感觉。以下方法应该对你有一定的帮助。

在共同追求事业的过程中滋润情感。爱情作为一种社会性的情感，注定要受到社会、政治、经济、文化等诸多因素的影响，不可能与世隔绝，爱情是事业的动力，事业是爱情的升华。希望爱人一定要成为强人的人未必有多少，但任何一个对社会有责任感的人，都希望自己的爱人有较强的事业心，对事业有不断的追求。因此，婚后的夫妻如果整天卿卿我我，把自己封闭在个人家庭的圈子之中，爱的温度是难以持久的。

用新的方式增加爱情的新鲜感。除了工作、学习和家务以外，应努力为家庭生活增加一些新的内容，创造发展感情的良好环境。例如周末活动，可以选择和培养一项夫妻共同的爱好。这样有利于减少单调乏味的感觉。

注重夫妻间的情感交流。赞美对方、肯定对方，一个赞许的眼神，一丝快慰的微笑，一句温情的表扬，都会给对方带来陶醉。自己外出归来，或趁对方生日送一件小小的礼物，都会在爱人的心中荡起爱的涟漪；妻子洗衣服，丈夫过去帮一把；丈夫伏案写文章，妻子送上一杯热茶，甚至上下班后，一声温存的道别和一句亲切的问候，都会使对方感受到他（她）在自己心中的地位，产生一股满足感。夫妻之间传递信息和表达情感的方式多种多样，看起来似乎微不足道的区区小事只要能经常地出现在家庭生活中，都能在夫妻间增添一份柔情、一丝蜜意。特别要注意有了孩子之后，妻子绝不可把丈夫"晾"在一边。

给爱人留些空间。两性的结合是感情生活的结合，而不是个性、人格的溶解，双方更不是彼此的影子，因此不要追求形影不离，否则，就像不停地吃东西会使人丧失食欲一样，总在一起也会使人兴味索然。彼此要给对方一点儿距离，一点儿空间，让其去渴望、去充满柔情地等待相聚的时刻。所以，适当的小别会增加夫妻间的新鲜感受。俗话说"小别胜新婚"，从心理学上讲，这是由于人为造成的距离，使彼此在对方心目中的形象能常新常

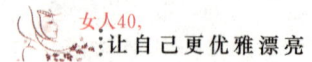

青，形成了一种良好的效应。从某种意义上说，没有距离就没有自由，没有距离就没有吸引，时空的间隔往往会增加爱的强度。

允许保留个人隐私。有少数人难以接受爱人与异性朋友交往，或拐弯抹角地打听，或对客人左审右视，也有人以宣布"纪律"的方式控制对方的活动，包括偷窥书信、干涉社交，甚至跟踪追击，使对方没有一点自由的时间和空间，等等。这样做是绝不可能赢得对方的，结果只能适得其反。可以这样想一想，"占有"得这样吃力、这样紧张、这样戒备森严，还有什么爱情可言呢？靠看管住的婚姻，还有多少爱情的内涵呢？

多一些幽默感。善解人意才有可能促进两情相悦。面对纷杂的社会生活，尤其是家庭生活中的锅碗瓢盆等琐事确实需要多些承受困难的勇气和驾驭生活的幽默语言，这常能激起感情上的浪花。因为幽默是坚毅、冷静、智慧、能力的象征，是家庭矛盾的调和剂。

世界上的人，大都有一种天生的弱点：不愿意听到别人对自己的指责。夫妻天长地久永相守，更需要彼此的谅解和宽容的气度，天下没完美无缺的人。无柔之刚是一种脆弱，夫妻之间任何一方的主观急躁、埋怨指责，都会使感情趋向平淡与萎缩。

▼ 以沟通传递真爱

有一对结婚近60年的夫妇，每次家里吃鱼时，妻子总是把鱼头夹给丈夫，因为那是她最喜欢吃的地方。但是，丈夫却并不这样认为，因为丈夫最喜欢吃鱼尾，而每次妻子总是把那块"最好的地方"夹在自己碗里。

有一天，丈夫终于忍无可忍，厉声吼道："快60年了，为什么每次吃鱼

第四章 在温馨的港湾里,演绎幸福人生

的时候,鱼头都要给我,你怎么不自己吃?"

妻子看着平日温和的丈夫如此愤怒,便惊呆了,好久之后才小声说道:"我以为那块是最好的,我一直喜欢吃鱼头的,于是就给了你。"

丈夫听完这句话时眼泪已经流满了脸庞。快60年了,妻子一直把自己认为最好的留给丈夫,却从来没有说出来,以至于两个人误会了彼此将近60年。

如果彼此能及时沟通,会有那么多年的误解吗?

爱,就要打开你的心门,让它自由地流淌,让对方看得到、听得到、感受得到。尝试着说出心中的爱,尝试着让对方感觉到女人的爱,这比一味地行动更有效果。

为了相爱一生,你不妨抽出时间与丈夫相处:在吃饭的时间关上电视机,鼓励相互之间的交谈;每个月在你们的日程里规定一个雷打不动的伴侣约会;如果日程允许的话,每星期都一起到饭馆去用一次午餐——纵然是只在公园里吃盒饭也行;夫妇两个一起去看孩子的比赛或表演。你们将会发现有那么多的话要说,简直多得让你们吃惊;晚餐以后一起散一会儿步,这正是讲话的好时光,而这对你们的健康也有好处;夫妇俩一起阅读一篇你们两个都认为会引起一场讨论的文章;为了让你们有时间单独外出约会或度假,雇佣一个照看小孩子的临时保姆……

现在很多夫妻之间往往缺乏交流,杂音充斥,甚至只用言语作为攻击防御的工具,根本谈不上沟通。许多人之所以走向离异,主要是因为平时悬而未决的小矛盾长期累积的结果。为什么会发生矛盾累积?主要是缺乏一种经常的、面对面的心灵的交流和沟通。一位已结婚十余年的妻子至今与丈夫从没有认真地、面对面地进行过一次交谈。尽管目前的生活很优裕,她却常常从内心涌起一种莫名的苦恼。"我渴望能经常依偎在他怀里,向他说些什么或者听他说些什么,但他好像没有这种情绪,总也不给我机会。我感到心中

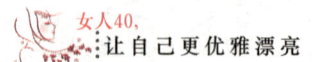

的郁闷越积越重，很难保证哪一天不爆发出来。"

每天与爱人交谈，你们可以知无不言、言无不尽地沟通交流。你将惊喜地发现，交谈原来有如此神奇的力量，它可以使有缺陷的婚姻渐趋完美，使本来完美的婚姻变得更加美满幸福。

有这样一个故事：

一个女人是非常好的人。她从结婚之日起就努力操持一个家。她会在清晨五点钟就起床，为一家老小做早饭；每天下午，她总是弯着腰刷锅洗碗，家里的每一只锅碗都没有一点污垢；晚上，她蹲着认真地擦地板，把家里的地板收拾得比别人家的床还要干净。

一个男人也是非常好的人。他不抽烟、不喝酒，工作认真踏实，每天准时上下班。他也是个负责任的父亲，经常督促孩子们做功课。

按理说，这样的好女人和好男人组成一个家庭应该是很幸福的。可是，他们却常常暗自抱怨自己并不幸福。常常感慨"另一半"不理解自己。男人悄悄叹气，女人偷偷哭泣。

这个女人心想：也许是地板擦得不够干净，饭菜做得不够好吃。于是，她更加努力地擦地板，更加用心地做饭。可是，他们两个人还是不快乐。

直到有一天，女人正忙着擦地板，丈夫说："老婆，来陪我说说话，听一听音乐，好吗？"女人想说"我还有……事没做完呢"。可是话到嘴边突然停住了——她一下子悟到了世上"好女人"和"好男人"婚姻悲剧的根源。她忽然明白，丈夫要的是她本人，他只希望在婚姻中得到与妻子的沟通和分享。

刷锅子、擦地板难道要比与丈夫沟通更重要吗？于是，她停下手上的家务事，坐到丈夫身边，陪他听音乐。令女人吃惊的是，他们开始真正地彼此需要，以前他们都只是用自己的方式爱对方，而事实上，那也许并不是对方真正需要的。

在生活方面成功的女人往往都非常重视家庭，她们知道，家的感觉更多地来自于家人所给予的爱和温暖。即使地板有一些脏，饭菜有一点儿难吃，只要自己重视这个家，重视自己丈夫的需要，就能够令他经常向往这个家。有不同的看法没关系，夫妻之间如果能够很好地沟通，就能互相适应。

最伤害夫妻关系的，莫过于不正确的沟通方式。沟通可使我们互相联结，心灵契合。假如连基本的日常沟通都无法进行下去，二人的关系早晚会出问题。在沟通的过程中，知道不该说什么，恐怕比知道该说什么更重要。

沟通是心灵的纽带，缺乏沟通会造成婚姻关系的矛盾。沟通让亲密关系保持畅通、活跃。通过沟通将自我展示给对方，让对方了解你是谁，有什么需要、愿望和感受。沟通是伴侣互相告知、教育、支持和协商的最主要的方式。

真正意义上的沟通不仅仅是听和说，它能有效促使两性深厚细腻的思想和情感的深度融汇。它以伴侣间互相尊重和理解为前提，彼此愿意袒露心迹。良好的沟通是架设在伴侣间的生命桥梁，让彼此的心灵息息相通。没有良好的沟通，亲密关系就必然会被种种莫名的个人困惑、臆测和误解所困扰，而让感情走向脆弱和瓦解。

▼ 女人的"十年之痒"

走进40岁的女人，度过了充满浪漫的恋爱季节，走入了实实在在的婚姻生活，多年的坎坎坷坷使得婚姻这艘大船渐渐驶向了平静，驶向了安稳，没有了激流汹涌的险滩，也没有了那种冲锋陷阵的快感。有些女人，感觉这样的日子平平静静的就已经很满足了，可生活中能有几个人耐得住这样的平静？！

有人把这样的平静称为"婚姻的瓶颈",多年的情感变得麻木和疲惫,完全没有当初设想的那样美好,十多年平平淡淡的朝夕相处,彼此真是太熟悉了,所以什么顾虑也没有了,同时也没有了热情,这时候就很想冲出这个"瓶颈",到外面呼吸一口新鲜的空气。

女人是爱幻想的,幻想着外面的世界,要比这平淡的日子精彩得多,所以时不时地就会迸出这种想法:我要走出去。当女人这么想的时候,男人也会这样想,那么这时婚姻就会出现"同床异梦"的尴尬,面临着生活的考验。

其实不管男人还是女人,都已经在婚姻的现实中长大成熟,在恋爱时期的认识往往不够清楚,经过十几年的婚姻磨炼,这时候曾经寻求过的答案自然而然就蹦出来:我原来需要这样的男人。但再回头看看自己枕边的那个人,好像与答案里的差十万八千里,这时心里就会产生矛盾和不平:他原来不是我想要的那种人。这样想的时候,其实也就是给婚姻埋下了一颗定时炸弹,只是时间还未到,不到爆发的时候。

除此之外,生活中的一些琐碎事,如抚育孩子的繁重让女人感到身心俱疲,虽说做母亲是一件快乐的事情,但时间长了,母亲也会有不耐烦的时候,尤其是当和丈夫发生矛盾时,心里便觉得很委屈,总是想这么长时间自己一直为家操劳,照顾老老小小、里里外外,到最后,丈夫不说感激,还要挑毛病。当女人有这种心理时,离婚姻危机的爆发就差几步了。

婚姻需要两人一起配合起来经营,如果女人光想着自己怎么样,而不顾及丈夫的感受,长时间下来,双方都会感到很累。

上海市曾做过的一个调查显示,人这一生,40~45岁是离婚的高峰期,由此可见婚姻的"十年之痒"是女人生命中的第二道坎。

如何度过这道坎,是女人们最关心的话题,有关专家曾提出几条关于这方面的建议:

第四章 在温馨的港湾里，演绎幸福人生

一是女人在忙碌的生活中要爱自己并且应该不断地完善自己。 自身的新变化正是吸引丈夫的地方，相信自己的魅力，尊重自己的愿望和要求，做一个完整的人，而不是做他的一半，虽然两个人结合在一起是一个完整的圆，但女人也要保持自己独立的圆，和丈夫有共享美，但也有自己的特色美，这样才能保持恒久的魅力。

二是女人要用自己内心的爱来回报丈夫的爱。 也许有时候丈夫会忘记你的生日，但他在心里藏着那份对你的爱，如果女人不用心去体察，很容易忽略这份深深的爱，反而误以为丈夫不在乎自己，徒增自己的心理压力，所以女人要学会认识丈夫的爱，用心去感受。

三是结婚容易，可是真正维系好自己的婚姻生活就不那么容易了。 俗话说，创业容易守业难，婚姻也一样。结婚是一时的，而结婚后的婚姻生活会持续到老，女人经历了爱情时期的"触电"和相互承诺的阶段后，需要的是有足够的耐心来建设自己的婚姻，与丈夫携手一生。

四是女人在生活中要和丈夫共同成长。 相互为对方带来新的知识、新的理念，彼此帮助对方发掘潜力，超越自己，在更成熟的心态下与人相处，相互间要有分享、耐心、感激、接纳和原谅的意识。

五是女人在婚姻生活里，要学会沟通和交谈。 没有良好的沟通，婚姻关系就像一艘空船满载着困惑、猜测、误解等矛盾的一段灰色之旅，生活中没有什么比貌合神离更让人感到痛苦的了，所以良好的沟通是使丈夫了解你的需要、愿望、变化、感受的根本，也是夫妻之间相互保持和谐关系的重要方式。

六是当女人面临婚姻挑战时，要和丈夫共同去面对。 在互动、和谐、互助的氛围中度过婚姻的紧张时期，千万不要一个人闷在心里，让丈夫猜，所以当你感到脆弱的时候，一定要告诉他，他会让你变得坚强起来，从而一起渡过难关，共同分享婚姻的甜蜜。

七是女人要精心呵护自己对丈夫的情感才能百年好合。 珍爱自己所爱的人，当生活中发生不愉快时，多一次主动真诚的道歉，一个诚意的自我批评，一个和好的表示，就可以缓和家庭的气氛，从而为自己也为丈夫带来好情绪。

八是女人要善于不断更新自己的生活才能天长地久。 永远的幸福就是能够保持新鲜活泼的感情关系，要不断更新自己的情感生活，保持新鲜和活力，为婚姻注入新的生命力，婚姻才能长久不衰。

九是女人要把奉献精神在婚姻里做得更完美。 常常问一问自己，我给丈夫带来了什么，精神食粮？安全感？幸福感？在日常的生活中，时时想着要为丈夫做些什么，比如一个拥抱，一个笑容，一个亲吻，都会让丈夫体会到你的温情。

十是女人要学会为自己留有一定的个人空间。 在婚外保持正常的朋友圈子，不要将婚姻作为自己唯一的精神寄托。在和朋友的交往中不断提升自己的人生智慧，不断调整自己，从而为婚姻增添新的魅力。

十一是女人要学会满足，欣赏地看着身边的丈夫。 他虽然不是男人里最好的、最优秀的，但他却是最适合你的，这就足够了。

十二是女人要学会保护自己。 如果婚姻无法继续下去，果断地选择离开是对自己的一种尊重和保护，离婚并不像想象的那样可怕，如果真的凑合着过下去，那才是对自己人生的毁灭。

女人要心平气和地对待自己"十年之痒"的婚姻，它是一个需要不断呵护、建设、更新的过程，调整好自己的心态是对婚姻最好的保护。

第四章 在温馨的港湾里，演绎幸福人生

▼ 给对方一些自由的空间

人人都有控制欲，只是强弱有别。但控制欲太强的女人，也许应该明白这一点：你越想知道，他越不想让你知道；你越想操控，他越想逃。"道高一尺，魔高一丈"的闹剧总会上演。

如果你控制得太紧，希望他事事按照你的要求去做，他会想："我结婚前的日子很平静安宁，一进门从来没有人吩咐我做这做那，不能碰这碰那，为什么我要为了婚姻而抛弃自由？"

也许伴侣会在你的"高压控制"下养成好的生活习惯或行为方式，但过度地控制会使伴侣感到窒息，逼迫他离开家里，甚至投入其他女性的怀抱。

所谓伴侣，应该是能让他最为放松的人，而不是让他紧张的人，更不是一味约束他、让他感觉快要窒息的人。如果你真爱一个人，就别抓得太紧。给对方自由是对彼此的尊重，也是最体贴的态度。

给对方一些自由的空间吧，就像风筝放飞在蓝天里，只是别忘了在他心里系上爱和家这根线。

如果真爱，就给对方一些空间和自由，这样风筝才不会那么容易地断线。

尊重对方的隐私

健康的爱侣关系的前提是互相尊重，包括尊重对方的隐私。所以，在彼此的相处过程中，学会尊重对方，给对方一些适度的距离，才会让感情更加长久美满。

有一种观念认为，相爱的夫妇间必须绝对忠诚，对各自的行为乃至思想

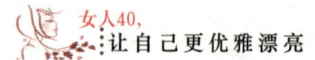

不得有丝毫隐瞒，否则便是亵渎了纯洁的爱和神圣的婚姻。然而当你有了足够的阅历后便会知道，这是一种多么幼稚的观念。问题在于，即使是极深笃的爱情，或者说，正因为是极深笃的爱情，才让彼此白头偕老，共度人生，那么，在这漫长岁月中，爱情的双方怎么可能，又如何没有自己的若干小秘密呢？

现实中的许多人认为，只要爱情本身是真实的，那么，即使当事人有一些不愿为人所知甚至不愿为自己的爱人知悉的隐秘细节，也完全无损于这种真实性。无法设想，两个富有个性的活生生的人之间天长日久的情感生活会是一条没有任何暗流或支流、永远不起波澜的河流。倘若这样，那肯定不是大自然中的河流，而只是人工修筑的水渠，倒反见其不真实了。

彼此之间要保持一定的距离

相信很多人都看过电视剧《过把瘾》，剧中由王志文和江珊主演的男女主人公由狂热的恋爱到结为夫妻，感情也经历了跌宕起伏的重重波折。

婚前两人都深深为对方所吸引，坠入爱河，一发而不可收，恋爱是无比浪漫的。而婚后两人朝夕相对、日日相守，昔日的新鲜感渐渐失去，彼此的缺点都开始暴露出来，性格的许多不同之处也使两人的生活产生了许多摩擦。

两人渐渐为一些鸡毛蒜皮的小事而斤斤计较，小吵小闹逐步发展为大吵大闹，甚至是大打出手。两人的感情也产生了不可弥补的裂痕，婚姻最终走向破裂，令人扼腕叹息。

剧中男女主人公的遭遇，反映了所有处于恋爱或婚姻状态中的情侣们即将面临的困惑。那就是，当恋爱双方日日相对、亲密无间时，双方渐渐地对对方的优点熟视无睹，相反对方的缺点却日益暴露，于是感情开始出现危机，这时应该怎么办呢？相信最好的办法是彼此都留给对方一些空间，使双方都能保留自己的爱好、特长，提供彼此发展个人事业、友谊和人际关系的

第四章 在温馨的港湾里，演绎幸福人生

机会。这样你会发现对方的精神面貌一直处于不断的变化之中，也许每天你都能发现一个全新的他、一个充满吸引力的他、一个能给你带来新鲜感的他，你们之间的感情也会不断地升温、蜕变、日益笃厚和浓烈。这样的恋爱大概就是最完美的吧！

彼此之间保持一定距离，不时地给你的伴侣一个惊喜，每天都向他展示全新的你，你将能永久保持爱情的醇美和香浓。

▼ 掌握化解夫妻矛盾与争吵的艺术

在一些家庭中，常能听到四十几岁的女人这样的叙述：

"我们从来不吵嘴。我丈夫和我都是平静随和的人。但我们总觉得有点不对劲，缺少真正的爱情。我不知道问题出在哪里。"

"我们为一点儿小事情就可以争吵一番。这简直可笑。这也使我们彼此感到厌倦。因为孩子的缘故，我们不想离婚，可我也不清楚将来会怎么样。"

夫妻在家庭生活中不论怎样进行心理调试，也难免有矛盾，如果对矛盾处理得不好，矛盾就会激化，表现为争吵、分居，甚至离婚。在正常情况下，人和人的关系处于平衡的状态中，人的心理也处于平衡的状态中；如果夫妻发生了争吵，甚至互相不理睬了、分居了、闹离婚了，这时，人的心理就会处于一种失衡的状态。人的心理丧失平衡的时候，是很难受的，懊恨、气恼、后悔等情绪一起涌上心头。在这种情况下，人们都有一种力图恢复心理平衡的倾向。一般地说，夫妻吵架后总想言归于好，那么怎样才能言归于好呢？

一对夫妻要想一辈子在一起，不可能一点儿矛盾也没有、一次争吵也没

有。千万不要把争吵当作坏习气压制下去。这样的话，矛盾依然存在，而且会随着时间的推移使夫妻之间的关系变得不正常。

推心置腹的争吵能使爱情进一步巩固，从不争吵的夫妻心里最清楚，他们之间的关系是容易破裂的。只是为了维持关系，他们才会避免发生争吵。

使争吵恰到好处

首先，夫妻之间最好不要吵大了。当一方发火的时候，另一方不要"针尖儿对麦芒儿""以牙还牙"。在没有吵起来的时候，恢复也容易；如果吵起来，就容易弄得不可收拾。

但是，如果不幸爆发吵架了，吵过以后要行若无事，在家里该怎么讲话就怎么讲，该干什么还是干什么。"天上下雨地上流，小两口吵架不记仇"，牙齿哪有不咬舌头的？这时，千万不要互不理睬。如果吵架以后行若无事，那么心理平衡会很快恢复；如果互不理睬，那么丧失心理平衡的时间会延续得比较长。

的确，在家庭生活中，一对关系密切的夫妻如果互不理睬了，那是很别扭的，这时，双方都有后悔情绪，都希望打破这个僵局，但是谁都感到难以先启齿，于是夫妻一直处于"中断外交关系"的状态之中。这时最好一方把姿态放低些，主动打破僵局，诚恳地多做自我批评，少责备对方，这样就能迅速地恢复心理平衡。

其次，要把"善意"争吵与"恶意"争吵区别开来。恶意的争吵就像在泥潭中的格斗，引起争吵的问题往往被搁置在一旁，争吵的人最后也只是为了争吵而争吵。善意的争吵是围绕着问题的焦点，遵循着一定的规则把话讲出来。

下面是几条提示，在争吵过程中是很值得遵循的：

1.公平地争吵

注意不要给对方造成心灵上的创伤。每一个人心理上都有一条界限。对别人的攻击是不能超越这一界限的，否则就会使矛盾激化。当然也有一部分人，他们异常敏感，总觉得自己受到了伤害。这一类人需要锻炼，学会容忍别人的攻击。

2.诚恳地争吵

应该把自己的缺点表现出来并同时尊重别人。夫妻之间的争吵不像拳击赛那样有不同的重量级别。如果强者用简单粗暴的方法把弱者吓唬住，那么这样的争吵就绝不会有好结果。在善意的争吵中根本不存在"胜利者"和"战败者"。

3.不要为私生活争吵

私生活与争吵是水火不相容的。私生活问题虽然要公正地解决，但却要十分小心地进行商谈。

4.有目标地争吵

争吵应有一个目标，也就是说要解决待定的问题。一切都应围绕着这一个目标进行，不要任意扩大争吵范围。

5.现实的态度

为陈年旧账争吵是没有丝毫意义的。引发争吵的起因永远是现实问题，是当时、当地发生的问题。

以上是五条基本的准则。需要补充的是，在争吵中要避免使用不恰当的语句，例如"这简直是胡说八道！"如果他真是在"胡说八道"，那您还有什么必要同他继续争下去呢？

恰到好处的争吵是一门艺术，是生活的一部分。两个人之间的争吵是免不了的，不管是主动地去吵还是被动地去吵。希望您能学会驾驭它。

听丈夫把话说完

争吵的爆发，显然是双方都置对方的和解意图于不顾。被抱怨的一方急于自我防卫，把对方的抱怨视为攻击，要么充耳不闻，要么立刻驳斥。

许多最终离婚的夫妻都是被怒火冲昏了头，一味在争论的问题上纠缠不清，根本不考虑对方话语中的和解意图，不能将抱怨理解为一种谋求改变的呼唤。

固然，在争吵中仍能保持冷静的人是不多的，大多数人在几句争吵中就昏了头，但经验证明，保持反思能力是重要的。

在情绪冲突中保持反思能力，自然是一种较高的修养，它能帮助您修正从配偶那里得到的信息，不把自己的认知强加到对方之上，而是将敌意或负面的成分过滤掉，如去掉侮辱、轻蔑、过分的批评等，对对方的信息有一个正确的理解。

通常，夫妇一方过头的情绪表现的目的，在于引起配偶对自己感受的注意。明白了这一点，就不会对情绪之激烈大惊小怪。假如丈夫说："你等我讲完再打岔好不好？"可能您就不会因他的盛气凌人而怒上加怒，会耐心地听他把话讲完。

在情绪冲突中，保持反思能力的最高境界是理解，也就是彼此都能明白对方的话语背后的真实含义。

要达到理解，就必须理解对方的感受，而自己必然是冷静和克制的，否则理解只会变成曲解。一旦失去了冷静，理解也就无从说起。

只有给予彼此尊重与爱才能化解敌意，坦诚的沟通应该避免使用所有带有恐吓、威胁、侮辱等意味的字眼，或是采用各种不恰当的自我防卫：找借口、推卸责任、反唇相讥等。

在争吵中，能够从别人的观点来观察问题是很有必要的，这样，即使最后不能达成一致,也不至于形成激烈的情绪冲突。即使情绪一时无法缓和,你也要告诉对方,自己在倾听对方的谈话,懂得对方说话的意义。

在自我感觉受到了伤害的情况下,第一个反应是原先最早的反应模式,所以懂得了以上的道理,在吵架时未必能马上派上用场。作为一个习惯的反应模式,它必须在吵架的情境中不断地练习,才能在情绪冲突起来时自觉地加以应用。

无疑,做到了这一点,你的婚姻生活就向幸福美满又迈进了一大步。

回避情感冷淡期

俗话说,"人无百日好,花无千时鲜。"夫妻感情也是如此。夫妻间"钟情期"感情的不断积累,会达到一种特殊的"饱和"。这时,爱情需要小憩,需要离开对方独自得到感情上的"喘息"。这是正常的现象,就像人在活动、兴奋、劳累后需要休闲一样。因此,对于"冷淡期""休眠期"的各种状况不要大惊小怪,最好的办法就是"三十六计走为上策"。

如果发现对方不愿见到你,要意识到这是配偶的"冷淡期"到来了。此时,即使没有出差的机会,也要找个借口回避一下。要有意识地分离,避免长时间地待在一起"讨人嫌"。要知道,配偶的冷淡和厌倦感情一旦出现,就希望尽量减少与你的接触,这是肌体为防止神经系统过度紧张而做出的保护性反应。

只要我们在"冷淡期"有意识地分离一段时间,就可以跨过"冷淡期"和"休眠期",或缩短这两个时期的周期,重新回到"钟情期"。马克思在38岁时,在给妻子燕妮的信中也说道:"经常地接触会显得单调,日常生活琐事会因此而被放大,而深挚的热情由于对象的亲近而表现为日常的习惯,人们只要分离很短的一段时间,一切就会恢复原状,以前被当作重要大事的不愉快的琐事,现在又成为小事,而深挚的感情,在分别的魔术般的影响下会壮大起来，并重新具有它固有的力量。"这话可谓是至理名言。

学会关怀体贴对方

夫妻之间产生敌意后，需要配偶用关怀体贴之情去化解。当你发现丈夫工作很忙，没有时间与你接触，或者不像往日那样"热情"时，要体谅、同情、关怀对方，并注意把握分寸，最好别开玩笑，不要纠缠不休。这个阶段，遇到对方落泪、忧伤、痛苦，甚至有时对你斥责几句时，不要当面计较。一句话，你要像对待病人一样耐着性子，体谅对方的任性是暂时的，只是一时的"病情"所致。必须懂得，这种感情的休眠是不可避免的，而且很快就会结束。

从冲突摩擦中汲取教训

人主要是靠经验生活的。错误能使人聪明起来。常言道："经一事，长一智。"夫妻间发生冲突时，一方主动认错，可能只是使事态得到了暂时的平息，并没有解决实际问题。认错，只不过是表示了一种态度，而表明态度不等于解决了问题。为了不再犯同样的错误，或者不再出现同样的不愉快，必须考虑今后应该怎么办。因此，聪明而理智的夫妻不是在争吵时看谁能压倒谁，而是进行充分地讨论。讨论是集体思考，是把两个人的想法凑在一起。夫妻讨论时要考虑如何尽量满足两个人的愿望。有人因此轻蔑地认为婚姻是一种妥协。其实，不能妥协的人最好不要结婚。

在夫妻发生摩擦、冲突时，应懂得细心反省、思考、分析究竟问题出在哪里。要多从自身找原因，作为四十几岁的女人，不要总是认为丈夫不公道。争吵、冲突平息以后，两个人最好开诚布公地谈谈看法，找到争吵的原因，提出各自的解决方案，夫妻一起讨论，找出能使双方都满意的最佳方案。以后可能还会出现新问题，双方又会产生摩擦，仍然需要双方互相照顾、互相让步。若能经常在讨论中汲取对方有益的东西，努力改正或去掉各自的不良习惯，家庭的和睦与幸福是不难创造的。

PART 2　尽情地享受"性"福时光

▶ 更年期不等于性爱告别期

更年期对女性而言是生理和心理的危机时期。年轻时，夫妇间两情相悦，无论工作负担多重，抚育后代如何艰辛，相濡以沫的夫妻总能忙里偷闲，在爱的港湾里尽情享受爱与被爱的快意。但是四十几岁的女性在进入更年期以后，由于内分泌功能的衰退，性欲激起时间慢于年轻时，在性爱和情爱方面不如年轻时那样热烈。因此很多步入更年期的女性，对性事常会抱着这样的态度：都老夫老妻了，性生活自然是可有可无的。同时由于生殖器官亦逐渐萎缩，阴道分泌物减少，有时会导致性交困难和性交疼痛，从而使得有些更年期的女性对性生活由厌恶而渐生恐惧，甚至谈性色变。

多方面的原因使得一些女性认为绝经标志着性生活的终结，不情愿适应丈夫的性要求，常常导致夫妻感情生活恶化。其实绝经只是反映了卵巢功能减退，并不等于连性功能也丧失了。多数女性绝经后仍保持性的能力，需要正常的性生活来满足性欲要求。事实证明，一个在绝经前一直保持有规律性生活的女性，绝经后仍可保持良好的性能力。而且从某种意义上说，由于减少了怀孕的思想负担，性生活应该更加协调。

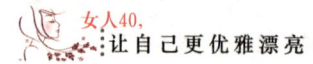

更年期女性适当的性生活不仅有利于维护身心健康，还能增强中老年夫妻的感情，使中老年夫妻心理年轻化。

当然，女性到了更年期，在生理、心理上会产生一些变化。需重新审视自己的性生活。

1.要了解生理改变，做好性保健

更年期女性由于生殖器官逐渐萎缩，阴道分泌物减少，因此，性交时可能会感到不适和疼痛。在这样情况下，性交前就应该多做一些准备活动，可以通过依偎、拥抱、接吻、爱抚等使阴道分泌物较充分时再性交。此外，也可以通过适当使用润滑剂来解决这一问题，如人体润滑剂、石蜡油、凡士林、避孕胶冻等。

2.要进行适当的性心理调适

更年期女性常出现躯体形态的改变，如肥胖、不灵活、苍老、失去往日的娇姿和魅力，这样就会使女性在丈夫面前产生自卑心理，认为自己已经失去对丈夫的吸引力，导致在性生活方面出现被动应付，而不会主动地唤起性欲。如果女性因为自己出现的变化而回避、压抑、拒绝性生活，那么不仅违反了人的本能需求，还会加剧自身的孤独感。而且在夫妻生活中，如果一方总是被动配合，势必影响性生活的和谐，从而影响夫妻感情。因此更年期的女性在过性生活时不要过于在意自己年华的逝去和体态变化，而应把注意力放到对方的感官爱好和审美特点上，把"性"引导到深厚的情感之中。

更年期性爱也要注意避孕

女性在更年期时卵巢功能是逐渐衰退的，卵巢已没有足够的应激能力来产生足量的雌激素和孕激素，使得月经周期紊乱，成为无卵性月经。卵巢功能的衰退是一个变化过程，约50岁时卵巢开始萎缩、退化，失去排卵能力。

虽然随着卵巢功能的不断衰退，更年期女性生育功能也随之下降，但由于卵巢仍可能有不规律排卵,所以更年期的女性还会有意外妊娠的可能。更年期开始的早或晚,持续的时间长或短,个体差异是很大的。不避孕的女性中,到了50岁前后分娩的例子并不少见。由于卵子先天不足,很容易出现异位妊娠、胎儿畸形、葡萄胎等。因此,更年期女性还是应当采取避孕措施。

选用避孕药具时,必须符合女性更年期的生理特点,具体避孕方法包括:

1. 屏障避孕法

常用的工具有男用避孕套、女用阴道隔膜。

2. 使用阴道杀精剂

该药剂主要是通过女性阴道的体温与分泌物将药物溶化后,发挥其杀死精子的作用。

3. 利用宫内节育器

如果一直带宫内节育器,绝经后不宜马上取出,否则容易造成怀孕。

避孕应坚持到绝经,不要有侥幸心理。一般来说,女性绝经以后二年,才可以停止避孕。

▼ 四十几岁的女人最"性"福

性爱更有激情

英国某杂志对2000名40岁以上的女性进行追踪调查后发现,40岁以上的女性性生活最美满。其中77%的女性表示,她们的性爱比20多岁时更美妙;45%的人比年轻时更渴望性爱;62%的人表示,性在她们的生活中与20多岁时一样重要。

在性爱对象上,80%的人认为,她们与丈夫的性生活非常和谐;66%的人

认为成熟男子比年轻小伙子"更棒";一半以上的人喜欢和她们年龄相仿的男子做爱。在性爱方式上,82%的人认为,性爱中最重要的是男人的爱、亲昵与拥抱,50%的女性认为她们渴望高潮。

在婚姻方面,40岁以后的女性也相当自信。美国某个基金会曾对数百万40岁的妇女做了一项调查,结果显示,她们根本不觉得中年是婚姻危机高发期,因为她们早已学会怎样结束不幸的婚姻,对于婚姻中的问题也学会了淡然处之。至于绝经问题,有超过一半的女性认为那是种解脱。

多重因素带来自信

时间流逝了,为什么"性"福仍站在40岁女性这一边?英国一位著名性爱广播主持人指出:

首先,影响性生活的一些不利因素有所减少。40岁以后,我们在事业和生活上的压力比年轻时小了许多。我们更加放松,能把许多杂事抛在脑后。重要的是我们开始学会享受生活,包括性爱。

其次,配偶的赞赏带来自信。这项调查发现,在45～50岁的男人中,60%的人在"身体吸引"这一栏中给配偶打了最高分,同一年龄组的女人中也有52%的人认为配偶最迷人。那位主持人说:"他们熟悉彼此的身体和需要,因此能够像一位高超的琴师那样,用最卓越的技术弹奏出最和谐的乐章。"

另外,中年女性更加了解自己的身体,所以她们对自己的身体更加自信、主动。

中年更需要双方配合

40岁就像是一条河的中游,上游走来湍急飞奔,下游看去平缓无波,只有这个中游来得错落有致,是绝佳状态。但是应该注意的是,成熟的女人同样需要亲昵与爱抚。为了给性爱营造理想的氛围,男士们有必要重视这两点建议：

第一，注意女性性唤起慢的特点。纽约性治疗师雪莉介绍说，一位男子刚刚看完一场橄榄球赛的电视转播，变得"性致勃勃"，希望马上跟妻子进行性生活。但他的妻子此时并没有同样的激情，如果丈夫不顾及妻子的感受，只能带来双方的不快。因为"女性需要一些浪漫才会培养出性爱心情"。

第二，学会"甜言蜜语"。有的男人认为老夫老妻间不必"客套"，喜欢用"让我们抓紧时间吧"等直来直去的话破坏性爱气氛。实际上，那些让女人动情的话，如"我发现你今天特别迷人""你的温暖体温真让人舒服"等说出来并不困难。44岁的托妮说："我丈夫经常用一些小礼物给我惊喜，它们让我感觉到他时刻想着我，在意我……所以这常常把我们引向卧室。"

40岁的女人，抛却了少女时的矜持和害羞，所以才真正称得上是"性"福的女人。

▼ 和谐的性生活是女性美丽的催化剂

性爱是夫妻生活中最重要的内容之一，和谐的性爱可使夫妻间的感情经久不衰。在日常生活中，有不少中年夫妻因为性爱的不和谐而感情破裂。虽然性爱的不和谐有多方面的原因，但女人在性爱中的被动和不予配合，也是一个很重要的因素。

性爱对女人身心健康的功效

适度、和谐的性生活，不仅可以使中年女人得到生理上的满足，它对女人的心理和健康也有着奇妙的作用：

1.消极情绪的"缓冲剂"

当一个人产生消极情绪时,生理上也会受到负面影响,从而削弱免疫系统功能。而在性生活过程中,中枢神经系统会释放出一种天然镇静剂——内啡呔,它调节整个生理系统,使之处于一种轻松有益的状态,有利于肌体功能的再生。

2.有利于消除失眠

所有人都渴望有个深沉、甜美的睡眠,但是各种各样的原因都有可能导致失眠。特别是四十几岁的女人更容易失眠。而当经历一次和谐的性生活后,紧张激动的身体开始放松,肌肉也在满足之后的疲倦中得以舒展,睡意自然而然地袭来,有助于消除失眠症。性生活越是美满,事后也就越容易入睡。

3.减轻经期综合征

女人在月经期的5~7天内,流入骨盆的血液增加,有可能引起肿胀和痉挛,导致腹胀或腹痛。而性生活中的肌肉收缩运动,能促使血液加速流出骨盆区,进入血液循环,减轻骨盆压力,从而减轻腹部不适。

4.精液有助于阴道消毒

实验证明,精液中有一种抗菌物质——精液胞浆素,它能杀灭葡萄球菌、链球菌、肺炎球菌等致病菌。所以,性生活可以帮助女人生殖器免遭微生物的侵袭。长期没有性生活的女人,更容易出现阴道炎、子宫内膜炎、输卵管炎等病症。

5.有助于保持头脑年轻

日本的医学研究表明,"用进废退"性萎缩,也适用于缺乏性生活的中年女人。适当的性生活有助于防止大脑老化和促进新陈代谢,增强记忆力。

6.减少心脏病和心肌梗死的发生

性生活可以让骨盆、四肢、关节、肌肉、脊柱更多地活动,促进血液循环，增强心脏功能和肺活量。拥有和谐性生活的中年女人发生心脏病的危险比性生活不和谐的人至少减少10%。

7.减轻或缓解疼痛症

性爱竟然同阿司匹林有一样的功效，它能刺激大脑中枢神经系统，分泌出一种叫胺多酚的化学物质，它有不可思议的止痛效果，特别是对以下症状：关节炎、胃部或背部神经疼痛、头痛或偏头痛、牙痛有明显的疗效。

8.减少皮肤病发生

皮肤血液循环不良会导致粉刺、暗斑等皮肤病。而适度的性爱会加速血液循环，均衡新陈代谢，让皮肤光洁细嫩，并起到防治皮肤病的作用。

9.提高免疫系统的抗病能力

现代文明生活让人们的免疫系统比以往更加脆弱，感冒、高血压、各种溃疡躲也躲不过。性生活可以使肾上腺素均衡分泌，肌肉先收缩、再放松，从而形成良性循环，使免疫系统能保持在较好的状态。

10.延缓衰老

女人在35岁左右，骨骼开始变得疏松。性爱可以调节胆固醇，保持骨骼的密度，减缓骨质疏松，使整个人看上去步态轻盈，身体的灵活性也有所增强。

11.女人保持身材的"另类"秘诀

据专家测算，如果你的体重是55千克的话，在性生活过程中，每分钟能消耗33焦耳热量；如果你是在打网球，每分钟只能消耗25焦耳热量。做一次春意盎然的性爱确实就像做一次小型健美操，可以令你的肌肉结实、有弹性，使皮肤更富有光泽。这是控制体重的另一种方法。

尽享性爱满足的愉悦

有不少女人认为性爱应当是男人主动。当自己有做爱的欲望时，当自己对丈夫的抚摸和做爱方式感到不舒服时，当丈夫满足后倒头就睡，却把正在

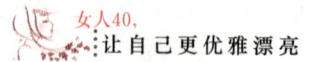

兴致中的她晾在一边时，都羞于向丈夫表示出来。

有的女人觉得做爱时发出声音很难为情，出于这种心理障碍，便缺乏应有的配合和反应，让丈夫觉得索然无味。有的丈夫埋怨说，自己的妻子做爱时就像是"死人"一样。

有的女人只能接受最平常的体位和方式与丈夫做爱，当丈夫提出采用其他的方式时，她会觉得很下流而拒绝，并认为自己的丈夫一定是受了色情录像的影响，学坏了。

其实，这些都是女人未能正确认识性爱行为的一些表现。性爱是人类自然的生理行为。

古人说："食色，性也。"性并不是丑恶的行为，只能说它是人类的一种隐私行为。完美的性爱，能给人的身心带来极大的愉悦，大大增加男女双方对对方的肯定和赞赏。

无论男人还是女人，在生理上都有性的需求。东方女人受传统文化的影响，往往羞于表达自己生理上的需求和感觉，这不能不说是对人性的一种扭曲。

坦诚表达自己的愿望和渴求，可使丈夫及时了解你的需要而予以配合。而在性爱过程中克制自己的反应，就更没有必要了。这不光使自己不能充分感受性爱的欢愉，也使你的丈夫不能尽兴。床笫间你快乐的呻吟和动情的话语，无疑是对丈夫性能力的一种肯定，可大大刺激他的活力。至于丈夫提出的变换做爱方式，只要不是变态的行为，也不妨一试。换一个环境，换一种姿势，也许会提高夫妻间性事的兴趣，使你们夫妻间的性事更加和谐。

自然享受性爱带给你的欢愉，你们的性爱会更加完美，婚姻也会更加成熟。

第四章 在温馨的港湾里,演绎幸福人生

▶ 不断制造新鲜感

每个人都喜欢新鲜事物,即使妻子再怎么漂亮,久而久之也会产生"审美疲劳",找不回夫妻间昔日的激情。对中年人来说,性激情消退是必然的,这是一种机体的自我保护机制,否则长期亢奋易引发冠心病和高血压。但"性趣"减淡并不能放任自流,性爱也需要保鲜,聪明的做法是不断追求创意和激情。

有句话叫"小别胜新婚",有时候分床睡,或出差,这些都是一种调节,有助于恢复审美情趣。夫妻相处一定要变换感情沟通、交流的方式,使彼此间充满一种生活的情趣和新鲜感。如偶尔制造些怀旧氛围,约他一起去恋爱时经常光顾的餐馆;也可以点起蜡烛享受烛光晚餐;或者两人腿盖毛毯,在阳台上看星星聊天……对于喜欢浪漫一点儿的夫妻来说,还可以享受一下"情人做爱方式",可以相约去宾馆过夜。以一种休闲的方式享受性生活,既可淡化压力,又可增进夫妻感情。爱没有固定的模式,性生活也不例外。

不少夫妻婚后性生活墨守成规,缺乏创新。尤其是那些中年夫妻,几十年如一日缺少变化甚至一成不变的性生活,早已使他们的性生活失去曾经的魅力,所以创造新鲜的性生活方式就非常重要了。

对于四十几岁的女人来说,夫妻生活快乐与否,很多情况下和自己的丈夫有关。这里提供一些窍门,也许真的能使你们的性生活焕然一新呢!

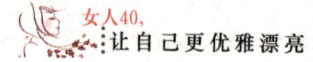

（1）点燃他的追逐欲望

有人说女人是水做的，其实女人也像花朵，需要灌溉、温暖和阳光。男人的快乐之源却像汽车，你可以像驾驶汽车般令他去追逐你，因为你是他心中的女神。在彼此的关系当中，他常常渴望获得你的爱，即使你俩是结婚数十年的老夫老妻。

你应时常让他知道你还有其他的追求者，虽然你不必也不应真的和这些追求者约会，但也必须让他知道如果你喜欢的话，你可做出"行动"，但你还是选择和他在一起。你可以用与这些男性竞争的假想去满足他爱追逐的心理。

（2）适当的控制

男人都喜欢被挑逗，要想刺激他们，首先要拖延，甚至在适当时制止他的进一步的要求，这样他的欲望和刺激感才会膨胀。但如果你希望一直保持对他的刺激感，你应该学会控制车辆的速度——将它减慢至你所需的速度。

怎样延迟与他发生关系而保持他的刺激感和欲望呢？只管说"不"是不可能的，当一个男人的性要求被拒绝后，他会认为他的妻子一定是不喜欢他或不喜欢性。这种打击对他来说是难以承受的。

所以你应该让他知道你是喜欢他的，你一直被他所深深吸引。尝试深情地看着他，然后对他说"欲速则不达"。

（3）让爱火不断燃烧

无论他多么了解你，你也应保持一定的神秘感。莎士比亚有句名言："最满足的时候是感到最饥饿之时"。

随着年龄增长和婚姻生活的长久，人们对性的兴趣可能会逐渐减低，但这并不是不变的定律。你们可随时为对方带来新鲜感。长久的关系不免经历高潮与低潮，若希望鲜花时常盛放，便必须悉心灌溉。

▶ 学会制造浪漫的氛围

热恋中的情侣、新婚夫妇总能想出许多办法来使双方的性爱生活得到更新与发展。然而，随着时间推移，久而久之，由于种种原因，作为"老妻"的四十几岁的女性往往就懒得努力去促使性爱生活充满浪漫与新鲜了。而这种懒惰往往会让人付出代价。就像一辆新车买来之后，需要经常维修护理，以保持和延长其良好性能一样，性爱生活也是需要精心维护的。如果夫妻之间一直过着一种单调乏味的生活，就很可能会使彼此间的感情出现裂痕。中年女性必须意识到，不管在哪个年龄段，性爱都是需要浪漫的。

性爱中应该有烛光、有花影、有月华，一切浪漫的东西应有尽有。每逢西窗有月的晚上，会爱的人儿总是撩开窗帘，让柔柔的月光透过纱窗洒得一床都是蜜意。于是，月光下的"故事"便充满了浪漫与神秘……很多女性不知道这一切都可用来享受，以为性是男人的专利，是他们的主张、他们的花样、他们的快乐，而独独忘了，自己也可以把性当作一件人间美事去"布置"去创造、去享受、去陶醉。

所以那些置身于性爱迷途中的中年女性朋友，为了幸福，你们应该主动地去追求、去创造、去享受、去陶醉，因为只有这样，你们的性爱才能因为浪漫而变得美丽。

要创造出浪漫的性爱气氛，可以从多方面去追求。你可以尝试着每次听不同的优美音乐，这样可使双方的性意识增强。做爱时，还可把室内光线调得柔和，室温调到适中，创造出一种朦胧温和的性爱气氛。弥漫着幽香的卧

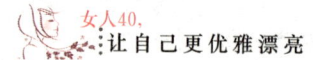

室能营造浪漫的气氛，如能在性生活之前换上一张清洁的床单，卧室内插一些鲜花，自然会增添性的情趣。居室的布置不一定要豪华，但要注意整洁、和谐与温馨。被褥与床具的适当布置能使人产生新鲜感，这对性心理的满足也有帮助。良好的视觉刺激也是浪漫的一种。女人在性爱时要注意衣着，做爱时可穿色彩柔和、较为性感的内衣裤，以此来提高自己的性魅力。比如穿上粉红色透明薄纱、撒着缤纷小花、玲珑剔透的睡裙，就可为性生活增添不少可爱与浪漫的感觉。

另外，变换做爱环境也是营造浪漫的好方法。比如置身于大自然之中，看着葱郁的参天古木、闻着幽幽的花香、听着潺潺的流水，感受着湿润的海风，听着舒缓的波浪声，都能让置身于爱的人感受到初恋的甜蜜。

其实诗一般的境界和语言不仅可是用来描述文学作品中的性爱，只要用心，每个女人都可以享受到浪漫的性爱，成为故事中的女主角，被呵护，被抚摸；性爱从来都是美妙的，只要你懂得浪漫，你就能逐步从单调和枯燥中走出来，重新找回新婚时的甜蜜和幸福，在甜蜜幸福中焕发出更加成熟的韵味。

浪漫性爱气氛还需平时营造

性生活不只是一种纯粹的生理满足，而是夫妻之间感情和肉体的交融。性欲的产生不只依赖于性交前几分钟的前戏，它还依赖于几小时甚至几天前发生的事。因此，夫妻间要想创造出性生活所需要的浪漫气氛，还需在平时创造出一种温馨的生活气氛。每天、每周、每隔几个月或一年之中，做一些可保持性爱生活处于最佳状态的事是必要的。

中年女性不要总是期望丈夫给你意外的惊喜，女性的心思往往比较细腻，因此在创造温馨生活气氛时可以多付出一点儿。这种付出其实并不难，只要多关注一点儿日常的小细节就能做到。保持良好性爱生活的基础在于互相关心和体贴，一些琐事虽然细小，却可以使对方充分感受到你的理解和关怀。如果你能够做到下面一些小事情，那么相信你的性生活将会充满爱的气氛。

①早早起床，做好早餐，换好花瓶里的水，并在他起床之前，再次进入被窝，和他聊一会儿，拥抱一会儿。

②同意和他一起看电视上的足球赛，前提是让他给你做美容按摩。

③定期约好某一天，和他一起去看电影，或去餐厅共进美味佳肴，或做两人都喜欢做的其他事。

④筹划好每个纪念日，让每个生日祝贺、结婚周年纪念和假期都成为你们结为伴侣的庆贺，从而使爱情更深沉、更热烈。

⑤再给他写封情书，坦诚大胆地表露你们的爱并互做评价，提出一个动人的计划，如一起旅游或去听交响乐演出。写好后寄出去。

▼ 别陷入性的陷阱中

在现实中我们可能每天都在犯错误，有的错误可以轻轻一抹就过去了，有的不但严重，而且还不能去犯，一旦犯了错，就有可能导致严重的后果。

四十几岁的女人绝对不能犯的错误是陷入性陷阱。男女之间的性问题实际上来自感情障碍。反过来，如果你发现两个人之间有了情感的阻滞，并且带来了后果——情人的出现，那么就要来看一看自己是否掉进了以下这些误区或陷阱。

（1）做爱即是性的满足

性交本身并没有错，错的是以此为做爱目的。通常女人最痛恨这种着重目的式的性爱。倘若以倾诉爱恋的心享受每时每刻，举手投足都将令你感到满足。不要将爱意全部集中在做爱的上面，试着在生活中平均分摊、处处兼

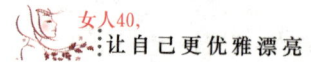

顾，如此才能得到整体的满足。

(2) 他若真爱我，就应该懂我

千古流传的爱情故事总让人痴迷向往，男女主角超然的心电感应以及充满感性的认知都令人神驰心醉。问题是这种完美无瑕的恋情根本是虚构的小说情节，不是真实人生。现实生活中，一个人绝不可能完全猜透另一个人的心思，除非不断地"问"。

或许你觉得，问东问西太没情调。可是我们不这么认为。第一，若是对方根本不知道自己的需求好恶，还有什么情调可言；第二，所爱之人愿意试着了解自己，满足自己各种需要，这种被重视的感觉真的很美！对我们来说，这才是真正的情调。

一味期盼对方能揣测心意，这不但不切实际，同时会造成双方莫大的心理压力，放弃这种猜谜式的性爱吧！

何不枕边耳语，轻柔道出你的心声。赶紧逃离陷阱，莫让美好化为憎恨和挫败的感受。

(3) 性爱应该自然发生，不应刻意安排

你不是忙着家务就是照顾孩子，再不就是出外应酬，甚至连共餐的机会都没有。就算能相偎相依，孩子的喧闹叫嚣早将情调气氛破坏无遗。精疲力竭之后，眼中看的、心中想的都是那温暖的被窝。对大多数夫妻而言，空闲这两个字几乎就是奢望。唯一的解决办法就是安排性爱时间表，也就是所谓的事前计划。

一个人的生活本来就靠自己安排，像是每个星期看场电影，性也是生活的一部分，当然也不例外。排定性爱时间，只是预先提供可行的机会，绝不含任何强迫意味。

事实上，计划的背后隐含着彼此重视和关注的心情，正因这份心思，性爱将升华得更美好。

(4) 不明就里，坚拒同丈夫行房

男性最渴望付出的方式就是性爱，他们渴望借着这种方式呈献自己，同时得到精神和肉体的接纳和认同。男人要求性爱，他需要的不仅是单纯的性发泄，他要的还有你的接纳和肯定。

我们并不主张女人有求必应，可是你必须了解男人的心态，适时给予认同。就算一个拥抱、一句情话都行，千万不要断然拒绝。告诉他你的心情，让他感受到你的情意。

男人最怕寻欢遭拒，这就好像听到另一半斩钉截铁地说："我不要你，不爱你。"男人通常不知道该如何表达内心的挫败，可是他会逐渐冻结自我的情感，甚至另寻新欢。尽管你没有心情，拒绝无妨，但是别忘了告诉他你很爱他。

(5) 女人总在无意之中伤害了男人自尊

从孩童时期开始，男人得到的训示就是"认真做事，好好表现"。对男人来说，犯错就等于失败。在性爱的领域里，女人的呵斥可能造成男性的早泄或自我封闭。不论你指责的是什么，都好像在说："你不行，你差劲！"女人要试着带领对方进入适宜的途径，指责的同时别忘了表达你的柔情蜜意。适当的指引可以换来终生的幸福，何乐而不为！

(6) 为了标榜自我，无形中抹杀了温柔

这个问题相当微妙，必须由你自己拿捏分寸。有害的习惯，你要尽量试着去克制。保留下来的都是你认为可以显示性别、展现女人魅力的特质。比如你喜欢独处，做事也独立，可是有些时候你却放任自己去依赖，让对方照顾你、安慰你，替你拿捏进退尺度。你喜欢穿着牛仔装和运动鞋四处闲逛，也喜欢身着性感礼服和高跟鞋，展现女人婀娜多姿的神采。你喜欢淡妆，也

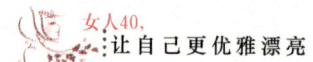

喜欢艳抹。总而言之,你想同时拥有两性的特质,除了男性化的强权野心,你也别忘记流露女人的纤弱和温柔。

男人喜欢多样化的女人,喜欢女人在独立果断之外,还带有一丝妩媚和温柔。

(7)为了让男人有更好的表现,总是隐藏自我能力

或许是男性惯于自我要求,积极展现所能,所以他们特别欣赏有才华的女人,也许是身旁急驰而过的女司机,也许是公司里的策划,甚至是歌厅里驻唱的女歌手。

问题是,为什么有那么多女人总是一味压抑自我,隐藏能力,处处让男人超越,让男人表现。她们为了附和世间流传的错误观念,宁可牺牲自尊与自信,结果失去了魅力。

四十几岁的女人,该是挣脱窠臼展露自我的时候了,你必须先肯定自己,男人才能以你为荣。

现在回过头来让我们仔细再回想一下这七大陷阱。可以说,陷入这些陷阱的女人不可能找到性爱的真谛。而在这些陷阱里陷得越深,越容易使夫妻关系紧张。

当紧张的情绪积攒了足够的能量时,它就需要一个渠道才能得以发泄。

▶ 走出性爱误区

关注性生活中的"危险信号"

现代社会越来越多的女性因为繁忙的工作和生活琐事而忽视了自身的保健,即使身体发出警告信号也不当回事,从而出现各种疾病,导致生活、事业都受到不同程度的影响。其实面对沉重的工作和生活压力,更需要拥有强健的身体做后盾,所以当发现身体发出的危险信号时,一定要根据情况及时就医。

中年女性在性生活中如果出现下面这些危险信号,就应引起高度的警惕,以便及早发现某些疾病,得到及时的治疗。

1.乳房出现异常

①拥抱时乳房一侧的某点有压痛感,用手掌平摸该痛点,可发现有小硬块,并有触痛。这可能是患乳腺肿瘤的信号。

②挤压乳房或吸吮乳头时,有乳汁溢出,这就有患脑垂体微腺瘤的可能。

③挤压乳房或吸吮乳头时有血性分泌物流出,这可能是早期乳腺癌的征兆。

2.阴道流血

如果性交后排出的体液中含有血液,很可能是宫颈癌的早期信号,就算血量极少,也应引起警惕。因为性交后阴道流血不是每次性交都会出现的,也许半年之后才再现,但那时癌肿可能已到晚期,从而失去了早期手术根治的良机。如果在性交后出现严重腹痛并伴随大量出血,那么则可能是因性行为过于激烈而致卵巢囊肿破裂。

3.下腹绞痛

如果女性的下腹部在某段时间突然隆起,仰卧时仍如此,用手掌触摸后有坚实感,就有可能患了卵巢肿瘤;如果性交不久,出现小腹阵阵绞痛,伴恶心呕吐,可能是原有卵巢肿瘤急性扭转。有时随体位的改变可能缓解,甚至疼痛完全消失,但也不应放松警惕。

4.性交后便血

性生活时由于腹肌收缩,腹压上升,血压升高,肠管运动增加,有可能诱发结肠癌的病灶出血。

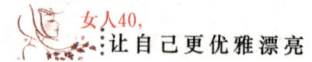

5.性交后尿血

由于性交时膀胱后壁受到阴茎冲击,若性交后出现尿血应怀疑膀胱癌。

6.性交后出现尿急、尿频、尿痛

如果性交后感到尿急、尿频、尿痛或白带增多,可能患有滴虫性阴道炎、霉菌性阴道炎。

选择适宜时间,避免性爱隐患

中年女性步入更年期后,患各种生殖类疾病的概率不断增加。健康身体需要日常的细心呵护,无论身体的哪个环节出了差错,都有可能带来无尽的痛苦和无休止的烦恼。所以,此时女性一定要有防护意识,懂得关爱自己,在平时性生活时,除了关注性生活中出现的各种危险信号外,还要懂得选择适宜的性交时间,以进行自我保健,避免性爱造成的隐患。

1.不要经期行房

月经期间,子宫内膜有新鲜创面,子宫颈口扩张。如在此时性交,很容易将病菌带入阴道或子宫内,引起子宫内膜炎、附件炎、盆腔炎,严重的可导致不育症。因此为了健康着想,应避免在经期过性生活。

2.不要产后行房

如果在产后过早地进行性生活,很容易造成子宫复旧不良和子宫出血。

3.不要带病行房

正患有某些严重器质性疾病,且医生已嘱咐不能过性生活者,不可勉强过性生活;尤其是患有某种性病,更不可过性生活。带病过性生活,不仅自己受害,还贻害对方。

中年女性要正视自己的性欲求

在现实生活中,一些中年女性感到很疑惑,自己的丈夫性能力下降的趋势非常明显,而自己在性方面的要求不仅未随年龄的增长而有所减弱,反而比年轻时有所增强，于是便感到非常难为情，连对自己的老公也不敢大胆表露。她们担心丈夫发现无法满足自己的性需求而自卑，也害怕丈夫说自己是淫荡、欲求不满的女人。受传统观念影响，她们认为自己岁数大了，孩子也大了，就应该没有性需求了，如果自己再提性生活，那会是有失体面的事情。在她们的思想深处，根深蒂固地认为这把年纪再谈性是一件很不光彩、见不得人的事情，少数中年女性甚至一想到性就会产生罪恶感。因此许多中年女性都不敢正视自己的性欲求。

其实，女性性能力的发展曲线与男性不一样。男性一进入青春期，性能力就达到一生中的最高峰，持续到35岁左右就开始下降，到了55岁以后开始急剧下降。女性则是从青春期之后才开始发育，到30岁，有的到40岁才达到一生中的高峰，随后开始缓慢下降，一般到60岁以后才开始急剧下降。事实上，有很多女性在更年期之后出现性欲的再度增强，有些人可以达到新的高峰。性学专家称这一现象为男女在性方面的"剪刀差"变化。这也就是说男性和女性对性的需求在进入中年之后会呈现完全相反的发展方向。男性性能力会逐渐下降，而女性性欲却在逐渐增强。

但是在现实生活中却仅有不到一半的人认为女性在这一阶段依然还可以保持"性趣"，这是因为大家普遍在认识上存在着误区，把不正常的生理、心理表现当作正常，而那些有正常性需求的人反倒觉得自己有问题了。

性生活是中年女性保持健康的重要因素，压抑了自己性生理需要，就会削弱自己最重要的生命冲动之一，这样就会损害健康，使人过早过快地衰老。此外，缺少性生活，维持夫妻感情和婚姻的一条重要纽带就无法发挥应有的作用，这也容易造成夫妻间的相互冷漠、疏远，形成"越老越难处"的结局。所以中年女性应正视自己的性要求，不要把中年的性生活当成是夕阳落山前的余晖晚照，而应当成是成熟的收获季节的开端。

中年女性主动过好性生活

性生活是中年女性保持健康的重要因素,压抑了自己性生理需要,就会损害健康,造成过早地衰老。中年女性应该明白,进入中年后出现的生理变化是自然规律,它并不意味着性生活就因此变得灰暗起来。

而且夫妻生活就像酿酒一样,只要用心经营,就会越酿越醇。因此中年女性不必过度自我压抑,而要根据自己的性欲和性能力,主动过好性生活。

诚然,进入更年期的女性往往容颜半衰,乳房松弛下垂,体态也渐渐失去了昔日的优美。但是,如果经常参加健身锻炼,注意修饰打扮,则有助于提高肌体的活力和对异性的吸引力,尤其是美化了自己在丈夫心目中的形象。中年女性不妨定期进行跑步、打乒乓球、打羽毛球、做健身操等锻炼。这样既能改善全身的健康状况,又有利于提高性功能,增强性欲。

有些女性会表现出或轻或重的"更年期综合征"症状,这对性生活有一定的影响,其实,更年期综合征是一种以心理障碍为主的心理生理功能性失调,除心理疏导外,可以在医生指导下适当服用雌激素(如己烯雌酚等)、更年康、谷维素、维生素B_6等药物,以纠正更年期的种种不适,从而为过上美满的性生活创造条件。

性冷淡与性饥渴都有原因

许多中年夫妇常为性生活的不和谐、不美满而苦恼,严重者甚至危及婚姻关系。除了夫妇身体疾病所导致的性生活不和谐外,女性性冷淡和性饥渴也是造成性生活不和谐的重要原因。女性的性冷淡和性饥渴并不是与生俱来的,而是由于夫妻双方对性生活缺乏基本的知识和了解以及一些生理、心理方面的因素所导致的。

性冷淡指女性的性反应受到抑制,亦称性麻痹,通俗地讲即对性生活无兴趣,也有说是性欲减退。没有性交欲望,性交无快感,性交意识淡薄,甚至厌恶，都是性冷淡的表现。中年女性性冷淡包括生理和心理两方面的原因，但通常心理原因的成分比较多。

从生理原因讲，女性过了45岁以后，排卵功能突然停止，血循环中雌激素和孕激素水平的突然下降，会使得许多中年女性出现沮丧、易激动、易怒等情绪波动，从而导致她们对性生活不感兴趣。另外，润滑不足、刺激不够或其他一些生理因素，使有些女性在性交时感到疼痛，也是女性性冷淡的原因。

从心理原因来分析：首先，因为大多数夫妻相处久了，缺乏激情和新鲜感。在夫妻生活方面，女人的性欲是要靠温馨浪漫、柔情蜜意来调动，如果丈夫没有做到这一点，女性会把过性生活看成尽义务，欲望自然就越来越差。其次，有的中年女性本来有性生活的要求，但由于传统思想的束缚而把这种需要给压了下去。这些女性虽然渴望性爱，但如果丈夫表现冷淡时，她们就会认为自己对丈夫的吸引力减退，从而经受挫败感和冷落感，造成自我压抑，进而也对性退避三舍。

性饥渴是指因性欲得不到满足而感到无望、无助、委屈、虚弱，或者变得暴躁，或者到外边寻求刺激和补偿的状况。

女人性饥渴的原因有以下几种：

1.性伴侣的性知识、性技巧缺乏

缺乏性知识、性技巧，仅凭本能来进行性生活的男性是难以为女性带来性满足的。长期的性不满足就容易造成正常女性的"性饥渴"了。

2.性生理不协调

一般来说，女性30岁后，性心理、性生理就更为成熟。而到了40岁左右，由于卵巢功能的下降，雄激素水平比例的增高，女性的情欲是比较高涨的；但此时她们的性伴侣的性能力却下降了，难以满足女性的性需求，从而引起女性的"性饥渴"。

3.家庭不和

家庭不和，夫妻关系冷淡，从而夫妻之间过着无性生活，也是造成性饥渴的重要原因。

可见性冷淡与性饥渴都是由一定的心理和生理因素造成的。针对这种情况，性学专家建议加强对性生活知识的了解，并配合一定的心理健康治疗，就能在实际生活中避免性冷淡与性饥渴。

和谐性生活是治疗性冷淡和性饥渴的关键

不管是性冷淡还是性饥渴，药物都只能起到辅助治疗的作用，创造和谐的性生活才是最关键的治疗方法。自感性生活乏味，不美满的夫妇应从以下几方面加以调适：

1.做爱要注重过程

夫妻间的性生活有如从事体育活动一样，不要只对最后的结果感兴趣，应该对过程更感兴趣。不然的话，就会造成夫妻间做爱过程的紧张，反而达不到性高潮。

2.改善性生活环境

夫妻过性生活，应该创造一个温馨、舒适、安宁的环境，并多谈论些与做爱有关的使人兴奋的话题，从而有利于性生活达到高潮，使夫妻双方得到满足。

3.及时表达做爱的感受

夫妇做爱时，沉默寡言，互不表露自己的感受，那是很糟糕的。做爱时要及时互相吐露自己的性感受，帮助对方了解敏感部位及获得性快感的技巧，从而使性生活达到和谐。

4.男性应温柔体贴

在女性性冷淡时，男方应该温柔、体贴、刺激女性敏感区，学会调情艺术。对于女性的性饥渴，男方应给予理解。

5.夫妻双方应互相体谅关心

夫妻双方应共同学习有关性生活的知识，互相体谅，改变性观念，消除性交恐惧感、羞怯感和性压抑心理。

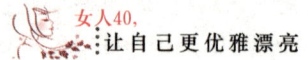

PART 3　勇敢面对情感的抉择

▶ 谁让感情在半路出了轨

面对情感生活中难以抵御的各种诱惑，很多四十几岁的女人可能无法拒绝，当代家庭中，"婚外情"已成为婚姻危机的主要根源。女人如何面对"婚外情"的挑战，是决定婚姻成败的关键。

生活中有很多事情不可尝试：比如感情上就不能任性，不可冒险"出轨"，否则会让自己陷入无法摆脱的困境之中。

1.婚外情如潮水般涌来

婚外情即发生恋情的一方或双方是已婚者。婚外情不需要涉及性的层面，但它必定具有感情出轨的层面，就是思念会不断飘向配偶以外的特定对象，感情的承诺也由婚姻转向这个特定的人。

婚外情大多数是偶发的现象。它也许就像一部刚上映的影片，不久就会落幕；它也许只是深切的关怀、友情的分享；也许还包括性爱。

婚外情的内容并不重要，重要的是，若有人把她的情感从丈夫身上移开，就应知道自己已经陷入婚外情了。如果在丈夫之外，她为另一个男人付出时间、精力和金钱，不论他们的关系多么纯洁，她都属于已经有了外遇，从而被划进婚外情的范畴了。

许多女人在描述婚外情时，有两个很重要的词：迷恋与短暂。这或许就是它的特征。在这里，迷恋表示一种贪心、无节制和热烈的关系。它意味着失去理智，迷失方向；或是意味着把高贵的心灵减价出卖。

婚外情寿命短暂，如潮水涌来，如潮水退去。许多婚外情只有为期短短的半年。一开始，它也许充满激情、欢悦与希望，但随之而来的却是矛盾、失望与痛苦。作为一个四十几岁的女人，不应像少女那样沉醉于梦幻，而应清醒地面对现实。任何人都不可能浪漫一生，人到中年，即使天生具有浪漫性格的女人，亦应回归理性。其实，丈夫以外的男人，并不一定如自己想象的那样好、那样优秀，假如与这人朝夕共处，你就会发现他也是一个平凡的男人，也有所有平凡人的问题，甚至会更多。婚外情并不能解决自己要面临的问题，只不过是把这些问题暂时转移到这个人身上，或是从这个人身上得到了某种补偿。

有人说："外遇就像毒品，提供短暂的刺激高潮期，但无法根治情感的迷失，一旦药量减少，你就发现自己再度崩溃。"

2.涉足婚外情的沉重代价

有人断言，人性的堕落与环境的诱惑是导致婚外情的主因；也有人认为，婚外情的关键在于人的脆弱性。由于经历生命种种的丧失和生理的劳累，加上身体的疾病、心情的沮丧、长期的孤独、低迷的婚姻等，让女人变得十分脆弱，似乎不堪一击。因此，无论她身上出现哪一种恶劣的情况，都会使她轻易地接纳婚外情。

不过，如果让那些具有婚外情的人说出理由，她们总会找出发生婚外情的种种借口，而这些借口似乎与导致婚外情没有太大的关系。因此，专家们指出，发生婚外情的最主要原因其实就是：枯燥乏味的婚姻关系。夫妻一方

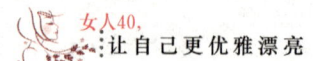

或双方，没有努力建立真实的婚姻关系。虽然关系合法，却没有实质存在。

相关专家对这种名存实亡的婚姻称为"消极的忠诚"。他们认为，男人或女人可能会因太忙、太累、太胆怯、太谨慎或太惧怕而免于同外遇私通的诱惑。但是，他们在家可能是个令人厌烦的人。

有人在访问200位感情出轨的四十几岁的女人时，发现了一个共同点：她们几乎都非常忽略婚姻，因此极易导致感情出轨。而且，婚外情极少始于对第三者强烈的承诺，或对情欲的探求。婚外情，常常从两个人对婚姻生活的不满意开始。

因此，婚姻问题顾问建议，不要苛责婚外情，因为它可以刺激并恢复婚姻的光泽。也许，有人的确能在垃圾堆里得到意外的收获，如发现某些还不错的食物，但那里绝不是庆祝结婚周年的晚宴地点！婚外情也许对少数的婚姻有帮助，但与此同时，我们也看到更多的人因此遭受严重的打击，甚至心碎，并承受永远无法弥补的创伤。

这个代价是惨重的，欢悦一时，却换来永不磨灭的伤痛。到底哪个合算？是挽回婚姻，还是寻找外遇？请每位四十几岁的女人好自为之，慎重抉择。

▶ 不要做"覆巢"中哭泣的鸟

婚姻自由，就意味着可以自由地离婚。

女性天生看重爱，更看重家庭。她们小鸟般地把婚姻看成充满安全感的一个"窝"，一个"巢"。

偏偏男人除了寻求安全感外，还有另外的需求。比如满足随时的激情变化。

第四章 在温馨的港湾里，演绎幸福人生

就离婚问题，某报采访了几个男女。

男人坦诚自己的观点：

"我不能过那种一眼就望到头的生活。我一直觉得'家'是我的束缚，时刻捆绑着我，连妻子善意的关注也是种纠缠，让人没处躲没处藏。我选择一个人折腾，图的就是个自由。"

"我不能保证一辈子就跟一个女人好，因为没办法让自己相信，也没办法给别人承诺。我比较喜欢没有压力，跟一个人在一起，和则好，不和则散，因此，我永远不会结婚。"

女士也难掩心中的愤懑：

"几次争吵后，男人突然刻薄地说：我从来没有爱过你。原来我曾付出的爱都是对牛弹琴。"我开始用更刻薄的话伤他："你曾经投入那么多时间、精力、体力，可我告诉你吧，我跟你从来就没有过高潮！"

这对夫妇确实过到头了，而且今后他们还会再爱吗？

另一位是性格娴静的那种女性，她淡淡地说："为了爱结婚，为了爱也可以离婚——爱就是付出，为所爱的人着想，与其看他郁郁寡欢，愁眉不展，不如把自由还给他，最后一次表白我的爱。"

离婚，真的就是在家里下岗。

幸福的婚姻大致相似，不幸的婚姻都各有各的不同。能够和心爱的人共度一生是多少有情人的愿望。而当爱情不再激情荡漾，无论是你自主地选择还是迫于无奈，痛苦都实实在在地摆在面前，逃不掉也躲不过——那是一段痛苦的岁月；那是一种心灵的煎熬；那是一种放弃，一种由量到质的根本蜕变。这又应验了一个说法：因彼此误解而结合，因真正了解而分手。既然没有爱情的婚姻是庸俗的契约，双方就像生锈的锁链互相折磨，当然只有痛苦，那么，就挣脱束缚的羁绊，放开手——

选择放弃，甚至选择孤独！

当然更可以选择重新开始！

就像其中一位女士说的：我对他的霸道能忍就忍，能让就让。可我的付出丝毫打动不了他。跟他离婚——让他去操纵自己的影子吧，影子比妻子听话多了！

与其在岗位上不发光，还不如断然离岗。话虽这样说，很多女人在现实中却是突然没有男人了，整个生活乱得一塌糊涂。屋子发空，心里发虚……后来逼迫自己坚强起来，才走出那块天地：哎，下岗不过是换岗嘛。

说得多潇洒！是啊，换岗不过是交警在岗亭里上下楼梯的那一刻，关键是走下楼梯面对更大的空间时你是否能迅速调整自己，带着新的想法走出去。离婚算什么？只不过是从天而降了一个重新选择幸福的机会。

▶ 告别过去，重新开始

离过婚的女人很难再找回自己的幸福。不知这是谁说过的一句话，但是，生活并不都是灰暗的。离婚的女人一样可以拥有自己的生活。离过婚的女人魅力依旧。

婚姻是如此的脆弱，让没有跨进婚姻之门的人多少有些畏惧。但是生活还得继续，女人也还得继续寻找自己的婚姻。那么，从婚姻中走出来的女人，又应该怎样过好自己以后的日子呢？

1.离婚不失志

离婚后绝不能萎靡不振，绝不能失去对事业追求的志向和信心。

2.离婚不失德

不要因为痛苦和愤怒而去做过激的蠢事。它是愚昧无知的表现,不但无法解除痛苦,更会造成违反道德和人性、触犯刑律的可怕结局。离婚后,与对方的爱情可能逝去不返,但友谊还不能抛弃。

3.离婚后要培养乐观豁达的健康心理

振奋精神,把眼光投向未来,而不要死死盯住眼前的爱情挫折。当然,冷静地分析一下离婚的原因,吸取一些教训,有助于恢复开朗的心情。

4.离婚后要善于排除自己的痛苦

会运用旅游、散步、听音乐、看书、写作、运动、与人倾谈、更勤奋的工作等办法来分散注意力,自我解脱。

5.离婚后不要放弃对爱情的追求

想要独身一辈子是不现实的。没有爱情的人生是不完美的,应该继续去叩响爱情的大门,找到属于自己的婚姻。

人世间所有的痛苦就像弹簧一样,你弱它就强,你强它就弱,走过去才知道,它只不过是我们生命中的一点点磕绊,经过洗涤,心灵的天空会更加的明净。

告别过去,重新开始,生命会绽放出更美丽的光彩。

▶ 不要企图用婚外情来弥补缺失的爱

婚姻是爱情的必然归属。然而,婚后的生活远不如恋爱那般浪漫。当情感出现裂痕之后,最危险的是加剧破裂的速度,最愚蠢的是以婚外情报复对方。

婚姻和人一样，存在不同的周期。婚后的爱情与恋爱时的形态不一样，没有了耀眼的光华，却可能变得深沉朴实。因此，要懂得爱情是会变化的，注意婚姻建设，不断增长和更新婚内的感情是非常必要的。而调整对婚姻过于浪漫、美好、牢固的期待，才会处理好婚姻中的矛盾。

对我们每一个人来说，结婚后怎样延续恋爱时的浪漫爱情，确实是一个很重要的课题。婚姻是一门艺术，掌握这门艺术是需要下些功夫的。如果婚姻要靠婚外情来支撑感情，那婚姻还有什么美好可言？"白头偕老"也不会成为人们对新婚夫妻的祝福了。有些人婚姻上的失败，并不是找错了对象，而是一些生活中的小事，决定着婚姻是否和谐。有些人不明白这点，最后终于使还相爱着的两个人走向了分手的道路。当初他们相爱时是绝对想不到日后会因为这些小事而分手的。

家庭的建立，从相爱到相处，看似因果，却并不是那么简单。爱得有声有色，不代表相处得有滋有味，有的干脆就处不来。相爱了又能如愿以偿地相处，那才是幸福的，不过这种幸福不是招之即来的，不会常驻某个家庭，或永远赐予某个人，那是双方不懈努力的结果。

相爱是一种激情的流露，而相处却是生活的真实，平淡无奇。很多家庭的失败，绝不是相爱时爱得不够深，而是很深地相爱后不会很好地相处。作为一对情侣，相处远比相爱困难得多、艰巨得多、复杂得多、艺术得多。因此夫妻之间的和谐、默契，不仅仅是相爱就能够达到的。相处的生活平淡而又平常，柴米油盐、吃喝拉撒，只有坦然面对这种平淡与真实，人才能变得更加成熟，夫妻双方才会互相谅解，互相珍爱，生活也才会幸福。

怎样在平凡的生活中做到夫妻间的和谐与默契，这是每一对夫妻都要面临的课题。日常生活的安排、家务劳动的承担、家庭的经济支出以及与双方亲友的往来等，看似普普通通的小事，处理不好就会引发矛盾。在这些小事

第四章 在温馨的港湾里，演绎幸福人生

上做到宽容与谅解，有时就会起到事半功倍的效果。

此外，利用机会表达自己对配偶的爱，也是增进夫妻感情的一种方法。比如，在爱人生病时说几句关心体贴的话，做些爱人喜欢吃的饭菜；爱人过生日时，送上一件小礼品，给爱人一份惊喜；出差在外，打回电话，告诉丈夫你对他的思念；休闲日，一起去听音乐、看电影或去郊游等，这些都是找回恋爱的感觉、增进夫妻感情的方法。

天下没有免费的宴席，婚姻也是如此，没有只盈利不付出的婚姻。你要想从婚姻中收获，就必须付出。你想过没有，在你们的婚姻中，你们各自付出了多少？爱情、婚姻和家庭同样是有生命的，如同人的成长需要抚慰、滋养和关爱一样，它同样需要夫妻双方不断的情感交流、彼此坦诚的沟通来耕耘和滋润。有些人把婚姻看得过于简单，以为有了爱就有了一切，却忽视了婚姻中最重要的事，即发展爱情。爱情不发展，只停留在海誓山盟阶段，婚姻碰到些麻烦也许就会不堪一击。

每对夫妻在恋爱时的纯情并非虚假，但它只是那时的纯真之情，不能替代婚后的夫妻感情。一对夫妻婚后如果缺乏相互的交流与情感的沟通，昔日海誓山盟的恩爱之情，很可能逐渐变成相互猜疑、同床异梦，直至最后分手。

许多人都迷恋《泰坦尼克号》中描述的爱情故事。但有人提出疑问，假如"泰坦尼克"号没有撞到冰山沉没，而是平安地驶到美国，那么男女主人公杰克和罗丝这对情人会怎么样？

人们迷恋着"泰坦尼克"号式的昙花一现的爱情，热衷于浪漫的爱情，慷慨地为它抛洒热泪，却吝啬于对自己生活中的另一半付出关爱。只想着轰轰烈烈地爱，不甘于平平淡淡地过日子，那么这样的家庭就会像"泰坦尼克"号一样触礁，最后的结果只能是为自己哭泣。有一位名人说过："爱全人类容易，爱一个人难。"

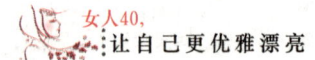

以这样的心态再看一个家庭婚前婚后的生活，你就会觉得很多变化都是很正常的了。夫妻之间仅有爱是不够的，生活中的相互体贴和关心、相互信任和尊重，有时要比重复地说上无数遍"我爱你"更重要。

用婚外情的方式获取激情与爱是不会长久的。即使是你抛弃了原有的家庭，与情人结合，婚外情变成了婚内情，没有相互间的努力与付出，再精彩的激情也仍会变成白开水一杯。与其心怀内疚"享受"婚外情感，不如把精力放在婚姻上，和丈夫一起给爱情和婚姻"保鲜"，在平平淡淡的生活中，体验人间爱情的恬静与美好。

▼ 慎重选择生命中的第二个"靠山"

离了婚，愿意一个人走下去的女人不多，毕竟单身的生活是凄凉的，尤其是随着时间的推移和年龄的无情增长，能与孤独作战的人越来越少。于是，再婚就成了大多数女人的选择。

有些单身汉，长期没有结过婚，如果你要和这种人交往，得先探听一下他不结婚的原因，是条件太高呢？还是有怪癖？既然别人都忍受不了，难道唯独你可以和他相处？

有一位45岁的艾女士，和丈夫离婚后，经别人介绍认识了一位单身男人。他不但长得比前夫帅，而且只比她大五岁，外表柔顺、沉默。结识之初，他处处以保护者的姿态出现，而且他的家中收拾得井井有条、干干净净。

这位艾女士庆幸自己终于找到了理想的意中人。

可等他们结婚以后，她才发现他不但度量小，又视财如命，而且有对自己保持清洁的癖性，非常自负，对人对事都固执己见，在任何情形下都不肯

第四章 在温馨的港湾里，演绎幸福人生

让步。在这个家中，艾女士带着自己的八岁女儿，就像坐牢一样。

平时艾女士给女儿买件新衣服或买点好吃的，他便马上露出不悦之色。家中放好的东西，艾女士和女儿都不敢轻举妄动。有次女儿不慎把摆在阳台上的花盆碰掉打碎，丈夫回家发现后便不依不饶，大声责骂，吓得女儿躲进小屋连晚饭都不敢吃。更让艾女士不能容忍的是家中的一切开支都得由他支配，就连买包卫生巾都得给他报账。而且艾女士还发现丈夫常常背着她和自己的女儿偷吃东西，对她和女儿根本就没有爱心。

艾女士本想用再婚给自己和女儿带来幸福，却没想到从此连女儿大声欢笑的权利也被剥夺了。在这个"干净"得连笑声都没有的家中，最终艾女士忍无可忍，再次选择了离婚。

因此，提醒再婚女性，选择配偶的时候，你虽然不能开列一张清单去构筑你心目中理想的另一半，但是却能开一张清单把不是佳偶的男人永久删除，这样找来的丈夫即使不是最完美的，至少也颇具水准。

日本的婚姻顾问幸吉博士也认为："不论你本身的条件如何，不用担心，每个人迟早会结婚的，失去一次机会怕什么？接着而来的下一个，可能更好呢！"

的确，女性大可不必这样着急，应该平心静气地观察他、考验他，多接触、多交往，免得结婚以后才忽然发现他的缺点，等那些缺点严重到能够伤害女性时，女性已经成了婚姻的牺牲品了。

▶ 提高再婚的成功率

再婚失败的比例相当高。根据统计，在第一次婚姻失败者中大约会有

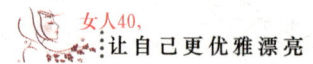

80%的人再婚，而再婚之中有60%的人以离婚收场。最吓人的是，再婚者往往比第一次结婚者更快地放弃婚姻。事实上，在结婚的前五年中，再婚者离婚的比率比第一次结婚者高50%，可见这五年可能是最重要的适应期。因此，如果中年女人离婚后考虑再婚，或已经投下赌注，那么如何能不让你的新婚姻再度失败呢？

1.珍惜第二次机会

你可能会因为自己第一次婚姻失败而产生怀疑——这次是否会成功呢？建议你把第一次的失败看成婚姻的失败，而不是你人生的失败。毕竟婚姻是由两个人所建立起来的关系，所以失败的是关系。但如果你能想清楚第一次为何失败，就不会在第二次中重蹈覆辙了。

如果第一次婚姻是以离婚收场，你常会希望第二次婚姻很不一样，但如果第一次婚姻的配偶死亡，而你们原来的关系很好，那么你可能期望一切仍像以前。然而你必须特别注意，没有两件事情是完全一样的，要允许它不同，这可能会比完全一样更好。

2.做好家庭融合

四十几岁的女人再婚时大多都有自己的孩子，也就是说建立这段新关系时牵涉到不止两个人，而越复杂就越可能出差错。变动和调整也似乎永无止境，而产生的问题也同样在增加。

熟悉一个全新的家庭是一种转变，需要时间，有时还得花许多时间，因为常有错误的期望出现，而其中最需解决的问题则是让每个人都能够迅速地建立起互爱互敬的关系。适应一个新的家庭是一种缓慢的过程，在新家庭终于能调整适应之前，还须经过一段所谓准家庭的情绪阶段。

典型的调整适应过程如下：

（1）幻想阶段

你以为逆境就要过去了，一切都会顺利且美好，你很高兴小孩就要有新爸爸和新的兄弟姐妹了。

（2）假同化阶段

你想依照想象的情况去做，但结果并不如你所预期的，此时幻想便会和现实发生冲突。

（3）觉察阶段

你知道出差错了，必须做些改变，突然间你觉得很厌烦，这种张力慢慢增加，终有人会在这个阶段中爆发出来。

（4）启动阶段

在这个阶段中，家人们开始解冻，谈及他们不喜欢的事。可以预料会有许多争执。

（5）行动阶段

父母开始在家中组成一个决策小组，一起考虑如何解决新家庭组合的问题和每一个人的需要。

（6）接触阶段

你终于对继父母和继子女的关系有了进一步的了解。

（7）解决阶段

现在你们已非常了解彼此，有了可以遵守的新规则，你们已是一个稳固的家庭了。有些家庭在四年间完成了全部的调适，有些家庭则要花上五年到七年，有些还没有完成就发现离婚才是唯一的解决方法。

3.成功的新家

四十几岁的女人可以做一些事，使新家庭和你都能成功地度过那段挑战的适应期。

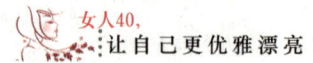

每个新家庭中都有不同的情境，都有其存在的正面意义。每个损失和改变都会有好的一面。有些小孩在适应新家庭的过程中产生了一种主控感，让他们觉得不管生活中有什么问题，他们都能应付得了。他们已学会如何和不同的人相处，并努力在其中茁壮成长。

有个小孩子就觉得自己很幸运，能当两个家庭的一分子。她说："现在有四个大人爱我。"

4.留些时间给你们两个人

四十几岁的女人不必一星期七天、一天二十四小时地照顾小孩，事实上，得留点儿时间给两个人，以此增进彼此的情感。"在运转得好的再婚家庭中的再婚父母都了解，当小孩需要他们的同时，也需要一种来自稳定夫妻关系的安全感，使他们能确信这个新家会一直持续下去。也让他们看见一对能在一起的夫妻，这在他们未来的生活中会受用无穷。"

四十几岁的女人和新丈夫需要留一些特别的时间给自己，别因此而有罪恶感，你刚出炉的新婚姻就全仰仗感情的维系。

▼ 别让往事冲淡了现在的幸福

离婚是对既往婚姻的否定，是对不幸婚姻的放弃；再婚则是对新婚姻的肯定，是再婚者走向幸福的开始。然而，不少四十几岁的女性在离异后经过一段时间的休整，真正面对再婚时，往往由于条件的苛刻，使她们举棋不定。由于再婚时的年龄要比初婚时长了几十岁，又有过新婚的体验、教训和经历，这就使再婚者有两个特点：一是她们懂得耐心和谦让可以避免夫妻间的争端；二是她们对待生活较为现实。但由于社会的偏见等因素，不可避免地让她们的心理压力增大。

有人认为婚姻中再婚率逐渐上升已成为当今婚姻中的一个新趋势。然而某市民政部门的有关统计资料却令人深省：再婚家庭的离婚率比初婚家庭要高。其原因是多方面的，但重要的原因是这些人经历过心灵创伤和传统道德观念及生活习惯的影响，使她们仍存在着种种心理障碍，导致感情隔阂而再度离婚。因此有关婚姻心理学者研究认为，重新穿上结婚礼服的人，必须防范可能产生的"心理障碍"，这样才能获得幸福美满的家庭生活。

再婚女性的心理障碍

（1）怀旧心理

多见于前婚夫妻感情深厚且一方因病或意外事件而亡故的再婚者。再婚后时常流露出对前婚配偶的怀念之情，而这种怀旧心理最易引起再婚中对方的痛苦。所以，再婚者在再婚后必须从感情上面对现实，以增强对怀旧心理的防范。

（2）比较心理

再婚夫妻容易犯的一个毛病，便是用原配偶的优点与现配偶的缺点相比较，事事挑剔，处处不满。这就会伤害对方的感情，也使自己对重建的家庭失望，导致婚姻的再度破裂。殊不知，人各有所长，亦各有所短。应当积极而全面地评价对方。了解对方，认识对方的优点，帮助其克服缺点，使对方成为自己理想中的配偶。

（3）嫉妒心理

许多再婚者常嫉妒或计较对方的前婚生活，不时地揭其隐私、捅其伤疤，亵渎对方的人格，挫伤对方的自尊心，日久必将影响双方的感情。因此，再婚夫妻必须防范嫉妒心理，特别是性爱型嫉妒，重视对方的心理贞操，珍惜对方爱的感情，抚慰对方饱受创伤的心灵，这样才能使两颗心紧紧

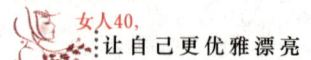

地结合在一起。

（4）报复心理

不少被动离婚者，对前配偶心怀怨恨，在重新选择对象时只要求外貌或某些方面超过前配偶，以达到报复的目的。由于这种选择常有盲目性，不讲感情基础，非但不能使自己的心理得到平衡，而且也会使再婚后的家庭基础不稳固。

（5）习惯心理

再婚者一般在第一次婚姻中可能已经形成了各自的兴趣、爱好和生活习惯，再婚后相互之间一时不能适应；特别是性生活习惯，如果互相不去了解和熟悉对方的欲望、要求和技巧，很可能导致性生活的不和谐，引起双方的不满。所以，再婚夫妻应当主动适应对方的习惯，寻找一个能照顾到双方习惯的折中解决办法。此外，双方都应有足够的宽容精神，扬长避短，互相协调，逐步建立起新的生活习惯。

（6）自私心理

初婚家庭的子女用血缘这条固有纽带，把父母联结在一起，而再婚家庭的子女因无血缘关系，容易滋生矛盾而起到离间作用，易使各自的父母产生自私心理而偏袒自己的子女。其实，血缘不能完全超越后天的感情，关键是再婚后双方要以高尚的道德情操，大度博爱的胸怀，处理好与继子女的关系，如果视对方的孩子如自己的亲生儿女，甚至更胜一筹，那就可以大大缩短再婚夫妻的心理距离。

（7）戒备心理

再婚夫妻双方都有一些过去家庭中的财物，鉴于前次婚姻的破裂，常会产生戒备心理，实行经济封锁、分心眼、留后手、闹独立，这会使现实家庭名存实亡。其实，既然重建了家庭，就应该毫无保留地共同使用一切财物，这样才能密切夫妻感情。

而且，再婚后的女性，由于种种原因，在性爱方面也往往存在着障碍。女性再婚，重建家庭，重新回到爱的港湾，乃是一大喜事。但是有些再婚的女性却为出现性生活不协调、性高潮不足的现象所困惑，深感不快与不安，甚至会再次影响到两人的感情。当然，这种情况并非是性功能减退所致，主要是由再婚心理障碍引起的。

摆脱心理障碍的方法

如何摆脱这些不良的情绪并走出情感的低谷呢？不妨从以下几个方面做起。

（1）重新树立正确的人生观、价值观、婚姻观

人的一生不可能一帆风顺，每个人都会遇到这样或那样的不顺利的事情，关键是我们应该如何去面对，是一味逃避还是勇敢地面对现实。时间是修复心灵创伤的良药，离婚女性应多与人沟通，多交朋友，有了心理问题应当学会向朋友倾诉。一次婚姻的失败并不能说明什么，应该向前看，也许你的幸福就在前面。也许是："梦里寻他千百度，蓦然回首，那人却在灯火阑珊处。"

（2）珍惜生命，享受生活中的快乐

学会培养良好的心态，珍惜生命中的每一分、每一秒，充分享受大自然给予的新鲜，可以利用业余时间投入到大自然中去，如爬山、郊游，到大自然中陶冶情操，改变自己的不良心境，培养自己热爱生命、热爱生活的动力，以改变焦虑、抑郁的情绪。

（3）树立坚定的信心

培养成就动机，努力建立自己的价值取向，确立切实可行的目标，并努力去实现它。不管是否能够达到目标都不要气馁，而应相信自己总有成功的

那一天，从而在不断的行动中提高自己，使自己成为一个拥有无数精神财富的人，使心理得到不断的升华和完善。

▼ 坚强地过好离婚之后的生活

有一句歌词唱出了许多女人的心声："离婚是无可奈何的选择。"许多四十几岁的女人并不想离婚，可是既然已经成为现实，不管是协议离婚还是法院判决的离婚，最终结果都是家庭的解体。此时女人面对离婚现实，往往有较大的情感波动，对生活失去信心，也不知如何开始新的生活。离婚之后，孤独和迷惘是必然会产生的，但是，我们必须学会尽快地摆脱这种孤独和迷惘，而不能长期地为其所困扰。

下面是婚姻关系专家的一些建议：

1.理解现世

面对离婚，自己可能有天塌地陷之感，丈夫没有了，家没有了，你似乎沉入了生活的低谷。你的情绪消沉、忧郁，感到孤独、寂寞，一时无法从离婚的阴影里走出来。如果你是一位个性上依赖性较强、缺乏独立生活能力的四十几岁的女人，对离婚后的单身生活会更觉得无法想象。最重要的是你要对世事看得开，世界上每天都会有许多人在离婚，承受这种痛苦的并非只有你一个人。而且，人与人的结合，不可能都做到和谐完美、白头偕老，总会有些人因合不来而分手。只要你能看得开，然后再去积极寻找新的爱情，痛苦很快就会过去。

自己之所以对离婚有较大的情绪反应，往往是由于对事物有一些不太合理的看法。比如，一些绝对化的观念，像世界太不公平了，为什么把离婚的灾难降临到你的头上；生活应该一帆风顺，不该是现在的样子。实际上生活中比离婚更糟糕的事有很多，虽然离婚了，但你的身体健康，还有很多亲朋好友，还有机会开始新的生活。因此你要改变这些不合理的观念，即改变对事实的认知，这有助于调整你的情绪。

2.尽情宣泄负面情绪

离婚肯定会给你带来某种程度的痛苦，如果你感到苦闷，不要大惊小怪，也不要把它看作是个人的弱点。由于你焦虑而且怒气未消，因而就会有忧虑的情绪产生。

忧虑时再压制怒火，其结果使人痛苦万分。在这种情况下最好能痛哭一场，痛快地向某人倾吐怨气、发泄不满，而不是压抑这种感情。

发泄不满情绪的方法取决于你自己的个性、你的习惯方式。如果你认为大喊大叫有失风度，就不妨用另一种方法——也许是某种活动的方式。如你一生中从未向谁大喊大叫过，你现在千万别这样做。也许外出散步或骑上三小时的自行车，你的气就消了。当然，究竟采用什么方法由你自己定。

3.设法计划独立生活

最好能积累一些合理的意见并弄清楚自己是否把一切都考虑周到了。不必事事依靠他人，如想一想："我不应什么事都依赖丈夫。""我不用事事求他，我自己知道需要什么。"用不着胆怯，在某种情况下既需要自我抗争也需要从书本中获取力量。你也许不会成功，你必须有失败和成功的两手准备。不要期待某个男人会马上帮助你，不要对此抱有幻想。尽力和各种各样的人交往，开辟新生活。

4.妥善的安排孩子

做母亲的应着手做好安排，如果这星期你和孩子在一起，那么至少每周有一天或每月有一两个周末让你离婚的丈夫和孩子在一起。那些离了婚的男人也

应知道他们仍须对孩子负责。不要犹豫，让他们履行起自己的职责。

5.应着眼于自己的未来

你有什么打算？有什么目标？有工作了吗？是否又有了新的癖好？有新朋友了吗？不要用那么多条条框框来约束自己的生活。你如果有孩子，就应想办法使他幸福，但同时也要顾及自己。不要忘了，有了母亲的幸福才会有孩子的幸福。

6.主动从苦闷中自拔

在你陷入苦闷、不能自拔的情况下，最好和别的女人在一起交谈一下并组成一个联谊的交谈小组。在交谈中，你可吸取别人的经验教训，找出问题并加以解决。

也可考虑和另一个与你处境相同的女人一起生活。这样，你们的经济将宽裕些，又有同伴相陪，还可一起照看孩子。

7.找点儿娱乐、消遣

当你觉得心烦意乱时，不妨花点儿时间去看场电影或听场演讲。如果没时间去消遣，那么就静静地休息半小时——但一定不要有任何干扰。

8.找一份工作

要想找一份工作，就要装成什么困难都没有的样子。比如不要说如果孩子病了就没有人照看这样的话。没有哪个雇主喜欢自找麻烦。对意想不到或希望甚小的结果应持乐观的态度，比如："我能正确对待这些事。"

▶ 40岁的单身也快乐

如今，越来越多的女性在离婚后选择了单身生活，她们自信、自立、自尊，快乐地过着自己的单身生活。

四十岁的单身女人，下班后不用着急回家，不用整天和那些油盐酱醋、瓶瓶罐罐、锅锅碗碗的打交道，自己想上哪儿吃就上哪儿吃，饭店、酒店、咖啡厅，都是单身的好去处，更不用抱怨丈夫经常夜不归家。

四十岁的单身女人，穿衣时不用受丈夫的限制，想怎么穿就怎么穿，一顶大红帽，一袭背带裤，一双很夸张的毛毛绒的鞋。也听不到"下次穿裙子吧，我喜欢你穿裙子""以后别戴帽子了，我不喜欢你戴帽子"之类的啰唆

四十岁的单身女人，自己挣钱自己花，没有丈夫的干预，也不用为孩子操心。

四十岁的单身女人，不用担心丈夫到了深夜还不回家，不用为丈夫回家后就闷头看电视、看报纸而不开心，也没有因为丈夫回家就一屁股坐在沙发里一动不动、不理人也不说话所引发的的烦恼。

四十岁的单身女人，更不用担心丈夫在外是否有了情人。

生活中有许多女人曾说，结了婚以后还会有不等量的寂寞感。原因很多，工作上的烦恼、生活的困难等，而所有的这些都会因彼此不同的心绪而无法和身边的丈夫唠叨，只能自己一个人默默地吞咽。

如若单身也就没有那些所谓的烦恼和困难了，她们会找自己的亲人和朋友诉说心里的所思所想，痛苦和欢乐都会一股脑儿地倒出去，心里便豁然开朗，继续着自己快乐的单身生活。

单身的女人，放假时会陪着自己的父母去全国各地旅行，享受着亲情的欢乐，也尽着一份女儿的孝心。有时，她们会回妈妈家，去妹妹家，到哥哥家……吃晚饭，和亲人之间的这种互动和交流，岂不是一种更舒心的享受吗？

单身的女人，最大的快乐便是拥有足够的时间来享受生活，带着一份"自由"的心境，去喝咖啡，去打保龄球，去痛痛快快地蹦迪、唱歌……所

有的这一切，都会让自己劳累的心重新点燃起生活的热情。同时也不用想着什么时候回家，更无须别人牵挂，也不会因回去晚了遭到丈夫怀疑的眼光，这份洒脱和自由是婚姻所不能给予的。

记得张小娴的一篇文章是这样写的：

单身女人的好处其实很多，譬如，你不用为任何人节食和减肥。

买了昂贵的衣服时，你不用向他隐瞒真实的价钱。

跟男人调情时，你不会内疚。

回家晚了，你不用找借口跟他解释。

你不用忍受他妈妈和他的姐姐妹妹，更不用忍受他和前妻所生的孩子。

你不用每星期去超级市场替他买大包小包的日用品、啤酒和即食面。

你不用替他缴纳管理费、电费和电话费。

睡觉的时候，你不会被他的打鼾声吵醒。

你开车的时候，不会有一个人坐在你旁边批评你的驾驶技术。

你买了一个新的皮包时，不会有一个人指着你的新皮包说，你前几天不是刚刚买了个新的吗？

你满心欢喜地穿上一袭新衣时，没有人会说，不好看。

没有人会向你重复又重复他的历史。

当你没有兴致时，不用为了满足他的需要而勉强自己跟他亲热。

单身的魅力是很吸引人的，在我们身边，越来越多的朋友都开始了单身的生活。43岁的小梅就是其中的一个，她是学画画的，总是在工作了一段时间、存够了钱以后，背起行囊，不管是旅行、游学，她总是不断地学习新的东西，追寻新的生活。在追寻自我的过程中，她享受着单身的自由和快乐，没有和另一半生活的计划，也不会为另一半牺牲或放弃自我。

"生命的可贵之处在于做回你自己"，这是《坎伯生活美学》这本书里的一句话，而单身女人对这个"做自己"诠释得很简单，那就是"生命中该做的事，要以创意的心情来完成。生命本身不具意义，是人赋予了它意义。生命的意义依据人所下的定义而定"。这是精典而触动人心的完美解释。

其实，选择单身并不是对生命的逃避，反而是一种积极向上的对自我价值的寻求。单身的女人没有婚姻的羁绊，生活得更简单也更快乐。

44岁的敏君如今就选择了单身，可是她看起来依然光彩照人。她前年离婚了，因与丈夫的志向等方面的不协调而办理了协议离婚。如今，她成为了单身母亲，去年儿子又去了外地读大学，家里只剩下她一个人，所以就到处看看老同学和老朋友，坚强的她脸上自始至终都挂着那种从心底里散发出来的平和与自信，还有微笑。朋友问她为什么能这么释然，她莞尔一笑，很自然地告诉朋友，女人什么事都要想得开，无论在什么时候，都要像电视机一样，只有通过不断地微调，才能保持最佳的生活状态。因为现在的生活很快乐，就当然没有必要回到过去不愉快的回忆里了。她真的很乐观，看起来精神饱满的她，确实过得很开心。

生活中有多少女人能这样想呢？她们往往都对婚姻有着一种依赖的心理，而一旦婚姻破裂就没有了自我，完全沉浸在痛苦当中。其实，她们没有真正地走出婚姻的阴影，一个真正独立自信的女人，即使离婚后也会一个人挑起生活的担子，继续着旅行，在她们的字典里没有痛苦和悲伤这样的字眼。单身、自由、快乐才是她们永恒的追逐。这样的女人随时随地都会散发着动人的魅力。

第五章
女人，要为自己撑起一片天

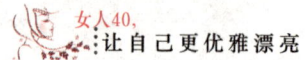

PART 1　女人40岁，让事业绽放光彩

▼ 人生色彩需要女人自己去印染

人这一生就像是在爬山一样，刚刚开始的时候并没有什么值得欣喜的地方，也没有什么新鲜的事情可以吸引我们的眼球，一眨眼的时间，十几年二十几年也就过去了，四十几岁的时候，望望身后的足迹，多是平平淡淡安安顺顺，这时眼前出现了一朵奇葩令人眼前一亮，于是脚步加快，很想看看它到底是怎样的一种花，有没有花香。等到走到花前时才发现，原来也就是我们所见到的平平常常的花。当刚要转身时，却在不远的前方有一股奇异的光亮，于是我们的好奇心又来了，于是也就再直上一个台阶……我们就在这种不断的失望又不断的有着新的诱惑的路上行走着，等到伴着这种诱惑走到山顶的时候，也就是我们成功的时刻，那时站在高高的山顶一览无余的感觉是人生之中从未有过的一种惬意！

从古至今，也就是这种说不出来的惬意在吸引着许许多多的人爬到人生的顶峰，去欣赏那美极的景色，所以对于心存成功意念的人来说，成功的诱惑就相当于爬山当中遇到了奇花异草之类，每上一个台阶总会有新的诱惑在前面召唤，让我们的脚步不停地往前往前……

第五章 女人，要为自己撑起一片天

郑梅就是在这样的山路上爬过来的。最初她只是一个小小的业务员，而在人生的旅途中，她碰到了诱惑她的一次晋升机会，并且很容易地升上去了，这让她从未有过非分之想的心开始了更多的设想，从而一直走到现在总裁的位置，也算到达了人生的顶峰，那年她整整40岁。她说，人到了那个时候真的会觉得有一股无形的力量在拉着自己往前走，即使再苦再累也都觉得是值得的，人都说吃辣椒会上瘾，而且吃得越多就越能吃，用在这里便能恰如其分地形容郑梅的这种成就感了。

比如当一个人拥有了一千元钱的时候，就想着拥有一万元钱，而当他拥有了一万元钱的时候，就会去想拥有十万百万甚至更多的钱，直到达到他心中的那个顶峰，看到人生之中美妙的景色之后，也就满足了。而这种因着某种意念的诱惑而逐步走上成功之路的人毕竟是少数的，所以也就有了一种物以稀为贵而被人珍视的感觉。但要做这种登峰造极的人，没有一定的实力是很难抗住高山之寒的。

再看看那些活跃在美国硅谷的享誉世界的女总裁们，她们不仅高瞻远瞩，善于抓机遇，而且还能在这片充满商机与金钱、成功与诱惑、挑战与竞争的土地上稳稳当当地去奋斗去拼搏。她们靠的不只是一年半载的社会经验的积累，而是一种对成功的祈望和信任，所以她们才会创造出一片奇迹般的属于自己的天地。

如能看透成功背后的意义，人们就不必为一个预期的目标而牺牲当下的生活权利，空寄幸福于目标实现之后。人们应该明白追求的过程和不断探索的生活往往比目的更重要、更充实、更有意义，而人生也正是由日积月累的过程所组成，并非不连贯的目的的排列。生活的真谛就蕴含在每一天的每一时的每一刻中，追求成功就应该珍视每一天、每一时、每一刻，真正的成功从生活的每一细微处都能获得。

成功的诱惑在于它把希望装进每个人的心中,将谜面摆出来,而谜底需要各人去找,这便是一种诱惑所在。

人生的价值在于求索,在于奋斗,在于追求。人生色彩的缤纷,要靠自己的双手去印染。属于过去的那片色彩,已经无法再涂抹,属于未来的那片空白需要用热血去点缀。我们唯有执着的追求,不懈的奋斗,才能超越自我,主宰未来。

▶ 跟上时代的脚步,不断提升自己

过去一个人只要学会一技之长就可以终生享用,现在就不行了。今天还在应用的某项技术,明天可能就已经过时了,知识、技术更新换代的速度让人应接不暇,女性要使自己能够跟上时代发展的步伐,就要不断地学习。

作为四十几岁的女人,事业还处在发展阶段,应从如何适应生存、如何才能发展自己的问题上思考学习的重要性。如果停止学习,你就要落伍,就要被时代淘汰,你的生存就会受到威胁,就谈不上发展,更谈不上自我实现。

1994年,杨澜从一个学生成为《正大综艺》的节目主持人,把一个有着良好家教和较高文化素养的青春少女的形象和富有女性细腻情感的职业妇女的形象融合在一起,为我们创造了一种既高雅又本色、既轻松又令人回味的主持风格。

在完成了《正大综艺》200期节目制作之后,杨澜跨越太平洋去了美国,攻读哥伦比亚大学国际传媒硕士学位。

当时很多人都不理解,因为杨澜已经取得了成功,已经成为了著名的节目主持人,她完全可以在她的位置上享受她已经获得的荣誉。但是,越是有

第五章 女人，要为自己撑起一片天

功底的人越能体会到功底和学识的重要，越能产生在功底和学识上进一步提升自己的渴望，所以杨澜离开了众人羡慕的主持人位置，去美国读书，又成了一名学生。

当杨澜再一次出现在媒体上时，她的形象发生了很大的变化。她的气质提升了，她在自己的人生道路上又上了一个台阶。

学习很苦，但是不苦是难以学到真正的知识的，要把苦学变为乐学，才能不断地想学，才能全身心地去学，才能提高效率，学到真本领。

美籍华人李玲瑶在学生时代就以好学上进、勇敢干练、聪颖智慧而著称，加上开朗的性格，她受到师长的欣赏和同学的拥戴，并常被邀请去电台、电视台主持节目。台湾一家著名杂志称她为"美得耀眼的女生"。中美尚未建交期间，她在华盛顿担任全美华人协会华盛顿分会负责人。在美国读完计算机学位后，她在硅谷做了8年的资深电脑分析员。1980年她在硅谷创办了公司。不到两年，她就实现了自己的第一个目标，成为百万富翁。同时，公司也从高科技领域扩展到房地产和进出口贸易领域，并在北京、香港等地建立了办事处。此时的李玲瑶已从一个纯粹的文化人发展成为一个蓬勃发展的企业家。1984年，李玲瑶被邀请回国参加国庆35周年庆典。之后她便决定在内地投资，并说服不少在美华人来祖国投资或为祖国引进新技术。

与此同时，她感觉到了自己在经济理论方面的不足。于是，在她48岁的时候，她重新进入学校学习。她每次上课都坐在第一排的正中间，从不落一次课，认认真真做每一份习题论文。同时，李玲瑶还自学了经济学本科方面的所有课程，硕士加博士的5年，她读完了经济学9年的课程之后，又上北大学习，并戴上了北大博士帽，她的事业也越来越成功。

现实生活中，没有人能逃避自然界优胜劣汰的规律，四十几岁的女人要想在社会中争取到平等地位，要真正主宰自己的命运，就要培养丰富的学识

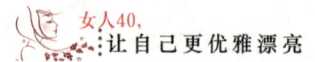

资本，只有用知识武装的头脑才能获得多样的才能。为了让我们不至于被时代的车轮碾碎，必须把自己当作"蓄电池"，要不断给自己充电。

有学识的女人才能增长智慧，有智慧的女人才可以改变自己的命运。俗话说："活到老，学到老。"尤其是在科学技术飞速发展的现代，科技变化日新月异，每个人都需要不断地学习新知识，否则就跟不上时代，跟不上潮流，就有可能被别人超过，被社会淘汰。一个女人，尤其要懂得与时俱进的道理，要学会在工作中为自己充电。只有在不断地学习中取得进步才能获得成功。所以女性应不断地自我充实，提升自己的知识和技能。

▼ 你完全可以爱上自己的工作

工作的有趣与否，不在于工作本身是否有趣，而在于你有没有热诚勤奋地去做你的工作。再枯燥无味的工作，努力去做也会变得有趣；再有趣的工作，慢吞吞、兴味索然地做也会变得无趣。不信你把自己装成慢吞吞、没有兴趣的样子，去玩游戏机看看。

卡耐基指出：正确的思想会使任何工作都不再那么讨厌。老板要你对工作感兴趣，他才好赚更多的钱。但是我们何不忘掉老板想要什么，而只是想着：爱上自己的工作，对自己有好处。提醒自己，这样可能使自己从生活中获得加倍的快乐，因为你醒着的时候，约有一半时间要花在工作上，要是在工作中找不到快乐，就绝不可能再在任何地方找到它。要不断提醒自己，爱上自己的工作，可以将你的思想从忧虑上移开，而最后，还可能带来晋升和加薪。即使不这样，也可以把疲乏减至最少，并帮助你享受自己的闲暇时光。

要想生活得快乐，就要每天保持对工作的兴趣，能够对工作有持久的热忧，并能将每一天看得同样重要。

我们在为自己的幸福而工作

四十几岁时，我们所面临的人生最大的挑战，实际上不是突然的灾变和改变命运的选择，而是日复一日、年复一年、平淡而又极其平凡的工作生活。要想在旷日持久的平凡中感受到工作的伟大，在重复单调的过程中享受到工作的乐趣，那就必须爱上你的工作。

一个人一旦爱上了自己的职业，他的身心就会融合在工作中，就能在平凡的岗位上做出不平凡的事业，实现卓越，发现工作的真谛。

爱上自己的工作，简单地说，就是热爱自己在一个特定的组织中所担当的特定的本职工作。详细地说，就是从业人员能认真对待自己所从事的特定的岗位活动，对自己的工作认识明确、感情真挚，在工作当中能最大限度地发挥自己的聪明才智，表现出主动积极、勇于探索的创造精神。

公司就像一部机器，每个员工都是一个零件，都有自己的岗位，对于整部机器而言，每个零件都很重要，缺一不可。

客厅中一架巨大的挂钟滴答滴答地响着。在一个晚上，大家突然听见一阵啜泣声，于是客厅里的家具到处寻找声音的来源，原来是秒针在哭泣。

秒针哭着说："我的命真苦啊！每当我转一圈时，长针才走一步，我转60圈时，短针才走5步。我一天必须要转1440圈，一星期有7天，一年有365天……我如此瘦弱，却必须得分分秒秒地走下去，我实在是不堪重负啊！"

旁边的台灯安慰它说："不要过多地去想其他的事情，你只需一步一步地往前走，在你的岗位上充分展示自己的才华，你就能够实现自己的人生理想，也会变得轻松愉快。"

无论在生活中还是工作中担任什么样的角色，只要是自己分内的工作，就应当尽力把它做好。再小的事、再不起眼的小角色，也有它存在的价值和

意义。

其实，人生的价值在于工作，人生的幸福源于工作，没有谁会比那些整天无所事事的人更累、更无聊。

工作虽然劳累和艰辛，但它能带给人们幸福感，让人富有生机和活力，这也就是所谓的苦中也有乐。

工作不仅能带给人快乐，把疲乏降至最低，而且还有利于身心健康。请你积极地对待自己的工作吧！

保持对工作持久的热忱

即使婚姻有"七年之痒"，也照样有不少人伉俪情深、白头偕老。工作也一样。

一位成功的女士有一次在电视上回答大学生的提问："在工作上您觉得怎样才算成功？"她说："我每天早上上班前都会照镜子，镜子里面的我总是笑着的。"

想到工作，能让人微笑就是成功。

留住新鲜感，保持热情。也许平淡的工作像平淡的婚姻一样，想要幸福快乐，就需要自己用心去经营。

干了13年工程的王丽辉对保持工作的热情有自己的看法。她觉得，要对工作保持热情，其实没有什么秘诀：

"就是调整好自己的心态，或许你换个工作仍然会感到厌倦。可能每一个职业都会让人感觉单调，所以没必要这山看着那山高。其次，要正视现实。比如我的理想工作是做个飞行师，但我不去做是因为我的身体条件不够好也不再年轻了，而且我还得养家糊口。

"人要知足，不要动不动就起二心。这就如同对丈夫，知道有更帅气的和对自己更好的，可是你如果要牺牲这一段婚姻就要付出代价。

"工作是有压力,但没有压力的工作又有什么意思呢?工作也有挫折,但人生哪里能避免挫折呢?会不会对职业有厌倦,关键在于自己如何去做。我每一阶段都给自己设定一个目标,朝着这个目标努力,这样工作起来就有动力和冲劲。用心做,就会发现每一天其实都是新的。心态消极,自然就觉得万事无趣。

"在工作方面,我努力了,也收获了。如果能干一辈子的话,就打算干一辈子。"

工作需要热情。一个人如果在工作中没有一颗热忱之心,无论做什么事情都不会顺利的。热忱是一种待人的良好心态,也是一种激发自身潜能的巨大力量。在工作中,以一颗热忱之心对待一切,往往会产生奇迹。

热情不能只是表面的,必须发自内心,若假装也不可能持续多久。产生持久热情的方法就是先订出一个目标,努力工作去达到这个目标,而在达到这个目标之后,再订出另一个目标,再努力去达到。这样做可以提供兴奋和挑战,如此就可以帮助一个人维持热情。

▶ 跳槽,当然要慎之又慎

工作跳槽的女性的心理一般可以分为理性和非理性两类。理性跳槽的女性一般具有明确的自我发奋的个人定位,并且做好了迎接挑战的准备,并具有良好的心理适应能力。这类女性一旦找到属于自己追求的事业,就会以其高度的职业责任感投入到工作岗位中。与此相反,有的女性在没有设计好该找什么样的职业、怎样的职业才适合自己时就盲目地跳槽,有的人甚至是相当随意地跳槽。

这类女性的心总是不会安定下来，即使有很好的岗位，但只要看到他人的月薪和职业比自己好，就会抑制不住急于换岗。非理性跳槽的女性往往是工作没找准反而添了不少心病。这类女性最终会生活在焦虑、抑郁之中。

盲目跳槽的女性会越来越孤僻，不爱与他人交往。跳过槽的女性在不知不觉中养成了一种习惯，工作中遇到困难就想跳槽；人际关系紧张也想跳槽；看见好的工作更想跳槽；有时甚至是莫名其妙地想跳槽，总觉得下一个工作才是最好的，似乎一切问题都可以用跳槽来解决。慢慢地，这些女性不再勇敢地面对现实，不再积极主动地克服困难，而是在一些冠冕堂皇的理由下回避、退缩。这些理由无非就是专业不对口了，领导不重视了，命运不济了，怀才不遇了，别人不理解了，等等。跳槽还使女性丧失了成就事业最宝贵的敬业与团队精神，心理浮躁，凡事浅尝辄止，遇难而退，这山望着那山高，空有远大理想，无心执着追求，好像换一个行业就能马上出成果一样，到头来什么都没干好。

这样跳来跳去，结果一事无成。

宋玲大学毕业后被分配到一家国营大型企业工作，一晃已有20个年头了。如今42岁的她虽然不是经理、老板，但也是部门的骨干，算得上有一定事业基础的人。在经济收入方面，已经挤进高收入阶层，不再为养家糊口而发愁了。不过已经工作二十年的她，事业上始终没有太大的突破，当初的工作热情也随着岁月的流逝而消失。每天看着那些新入职的年轻人，他们学历高、工作积极，纷纷成为公司"重点培养对象"，心里逐渐觉得自己青春不再、日渐走向边缘。尤其让自己感到焦虑的是，一位比她年轻的下属，现在竟然成为她的上司。再看看昔日的同学和一些年轻人，一个个都成了老板、经理，宋玲的心里很不是滋味，总想换一个新的工作环境试试自己的能力。

最近有位朋友经营的公司希望她过去帮忙，工资当然比过去高了不少，但是要面对的压力和挑战自然也增加了。对于宋玲而言，选择跳槽，不仅意味着要面对新的工作、新的行业，同时也意味着一种冒险——在不惑之年的时候，放弃原来的工作和原有的生活方式，42岁的她对于自己这样的年龄能否经受得起"折腾"，心里一点儿底气也没有。

但一想到留在原单位会继续受那种窝囊气，她就感到十分气愤，于是一咬牙就跳槽了。但半年之后，那位朋友的公司却倒闭了，宋玲一下子成了无处可去的孤家寡人。

对那些盲目跳槽的中年女性来说，需要调适她们的不良情绪，为此，需要做到以下几个方面：

首先，需要树立正确的职业意识。经验告诉我们，不论选择哪种职业，都需要有正确的职业意识。

所谓职业意识，是指人们对自己所选择的职业的性质、特点、作用及其社会意义的综合认识，并表现为一种积极的、稳定的心理倾向。只有有了这种职业意识，才能产生高尚的职业情感，激发出热爱本职、献身本职的进取精神；从事任何职业都不是轻而易举的事，免不了会遇到困难和挫折。

在困难和挫折面前，只有意志坚强的女性才能经得住考验，保证职业活动的正常进行。

其次，需要放松自己的紧张情绪，减轻自己的职业压力。跳槽女性可以利用休息时间到郊外远足，通过回归大自然来放松自己紧张的情绪。多参加一些体育锻炼也可以达到减少压力的作用。

听些自己喜爱的音乐，在条件允许的情况下，可以找来三首曲子，一首是低沉的，另一首是平缓的，最后一首是激昂的，按照先低沉再平缓最后激昂的顺序听一遍，就可以使自己心情舒畅。另外还可以请心理医生帮助。

只有做好心理调适，跳槽女性才能够有效地消除自己的不良情绪，从而

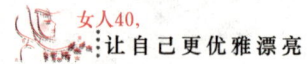

避免盲目地跳槽。

▶ 生活和工作，可以和谐共处

西方有一句俗话说："工作可以使一个人高贵，但也可能把他变成禽兽。"

我们生活在一个压力极大的社会环境中，我们拼命地工作是为了生活，但实际上不管我们有意或无意、主动或被动，工作几乎成了生活的唯一内容和支柱。一旦失去工作，我们不仅会在物质上垮掉，同时也会在精神上垮掉。而在工作中，由于各种原因又会使我们时时感受到难以解脱的束缚，经受无法避免的挫折，从而体验到深刻的无力感与无奈。

我们既想在工作上做出一番令人刮目相看的成就，又想过着自在惬意的生活。

可是，结果却总是两头不讨好，往往得到了这个，就得失去那个，很多人的现状都是这样的。为什么会如此呢？原因很可能出在我们习惯于把工作与生活混为一谈。其实，工作就是工作，生活就是生活，如果错把谋生的工具当成人生的目标，而且太把它当成一回事儿，就会把自己弄得一团糟。

工作与生活就像你的两翼，只有两翼对称平衡，你才不会失重，才能展翅高飞。四十几岁的你不要因为埋头工作而忽视生活，也不要因为享受生活而放弃工作。工作与生活虽然有时会有冲突，但并不矛盾，处理得当会相得益彰。只有掌握好生活与工作之间的平衡，做工作与生活的双赢家，才能收获真正的幸福。

把工作放一放

据调查,一般人的工作与生活是不平衡的,从商者尤其如此。许多白领每星期工作的时间超过常规的40小时。经常拼命工作的人就是工作狂,过度追求尽善尽美、强迫自己、迷恋工作是工作狂的心理特征。四十几岁时,我们应当善于把握工作与生活的平衡,处理好工作压力与享受生活之间的矛盾。读恐怖小说,在花园中工作,躺在吊床上做白日梦,都可以提高工作效率。

工作不是生活的唯一目的,如果你想成为不为工作所苦的人,不妨试着少点儿工作,多点儿游戏。生活中一定程度的休闲能够增加你的财富,当然,这里主要是指精神上的财富。如果你在休闲上花更多的时间,或许你最终也会增加经济收入。

在休闲生活中培养更多的兴趣爱好有许多好处。工作之余的兴趣爱好有助于你在工作中有所创新。当你追求休闲生活时,你的精神会从跟工作有关的问题中解脱出来,从而得到休息。

你会因此关注工作以外的事情,会变得更富有创造力,能给企业提供一些有创造性的新点子。很多最有创造性的成就往往是在走神或胡思乱想中产生的。

不要做工作狂

工作狂很多都是因为没有把握好工作与生活的平衡所致。工作狂常常因为工作而损害了自己的健康,丢掉了生活的目的。下面一张表是工作狂与和谐工作者(把握了工作与生活平衡的人)的对比,教你如何区分工作狂与一个和谐工作者:

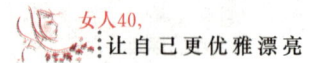

工作狂	和谐工作者
工作时间长	工作时间正常
没有确定的目标——工作只是由于积极的态度	有确定的目标——主要是为目标而工作
不会委托别人	尽可能委托别人
工作之余没有兴趣爱好	工作之余有许多兴趣爱好
为了工作放弃假期	能按照公司规定正常地休假
在工作中发展肤浅的友谊	在工作外发展深刻的友谊
经常谈论工作问题	尽量减少对工作的谈论
经常忙着做事情	能够享受休息
觉得生活很累	觉得生活是节日

工作狂习惯于连续工作好几个小时而没时间休息。工作狂虽然拼命工作，但成绩有限，考虑到这一点，可以说事实上他们大都缺乏能力。

一个上了40岁的女性沉迷于工作是一种很严重的疾病，如果不及时治疗就会导致心理和生理上的问题。一些调查研究表明，受人尊敬的工作狂感情有缺陷。工作狂对工作的着迷导致他们患有溃疡、背部疾病、失眠、抑郁症和心脏病，许多人甚至因此而早亡。高效能人士能够享受工作和娱乐，所以他们是最有效率的。如果需要，他们可能会大干一两个星期。然而，如果仅仅是例行公事的工作，他们可能懒得做。对于和谐工作者来说，人生的成功并不局限于办公室。要做一个有着平衡生活方式的和谐工作者，就意味着是工作在为你服务，而不是你为工作服务。生活和工作计划顾问建议：要想拥有平衡的生活方式，必须协调好生活中的六个领域。这六个领域是：智商、身体健康、家庭、社会、精神追求和经济状况。

1.工作狂诊断测试

以下答案为"是"越多,则危险系数越高。

①对工作的狂热和兴奋程度超过家庭和其他事情。

②工作有时有薪酬,有时没有。

③将工作带回家。

④最感兴趣的活动和话题是工作。

⑤家人和友人已不再期望你准时出现。

⑥额外工作的理由是担心无人能够替你完成。

⑦不能容忍别人将工作以外的事情排在第一位。

⑧害怕如果不努力工作就会失业或成为失败者。

⑨别人要求你放下手头工作,先做其他事,你会被激怒。

⑩因工作而损害与家人的关系。

2.病因分析

工作狂的病因主要有下面三种:

①真正热爱工作或金钱,不以为苦,反以为乐,乐此不疲,激情不减。

②未能营造起真正属于自己的生活。这样的人内心焦虑、无爱、无寄托,或因家人不在身边,或生活单调乏味,只有同事而没有朋友,不得不从工作中寻找乐趣,缺少与工作彻底无关而只为愉悦身心的兴趣爱好。

③把工作当作逃避手段。这样的人在影视剧中常见,在生活中有某种苦恼、不满或自卑,为了逃避或者忘却这些令人伤神的事,只好疯狂地投入工作,以全情投入工作来忘记烦恼的忧愁。譬如,刚刚失恋之人就容易成为工作狂。

3.处方

工作狂主要是由于工作压力过重或者内心成就动机过强,与个人能力脱节所致,除了前几节介绍的一些应对措施之外,下面专门为你列举了一些处方,帮你避免成为工作狂。

处方一:认识对位——工作不是生活的全部。

处方二:时间充裕——让自己从容完成工作。

处方三:适当游戏——人非机器,要避免不停工作。

处方四:松弛练习——了解自己身体的压力反应(如心跳、头痛、出风疹等),尽量松弛。

处方五:向外求援——相信他人,避免单兵作战。

处方六:宽容自己——追求完美,但又不为完美所累。

如果你是一个四十几岁的工作狂,那么,你一定要学会掌握好生活与工作之间的平衡,让自己活在快乐的氛围中。

▼ 如何在新领域开辟新天地

四十几岁的女人由于生理关系使自己接受新东西变慢,对新环境的适应性大不如前。所以,四十几岁的女人如果转变了职业,在新的工作岗位上,要想干出一点儿名堂,就要比年轻人付出更多的精力和心血。

四十几岁的女人要想尽快适应新职业、新环境,需要努力做到以下几点:

1.最要紧的是树立自己的信心

女人到40岁以后,可能因为受过很多磨难,经历过许多挫折,所以做事情前怕狼后怕虎,心未老先衰。跳槽时想得最多的是自己能否干好,因为自己已不是年轻人了。其实，你根本不应该这么想。天生我材必有用，跳槽是自己选择的，没有人逼迫你，既然这样，你就应该抛弃一切顾虑，全力以赴就一定能够干好。除了体力稍逊外，你一样也不比年轻人差。女人三十三，太阳刚出山。四十几岁，正是创业的好时期。你积累了一定的经验和资本，更重要的是你已拥有年轻人难以比拟的宝贵智慧。只要你树立信心，坚定执着，无论是经商还是干别的新工作都会成功的。多数人都有这么一种感觉：认为自己行，你就行，认为自己不行，你就不行。明明一件事自己能干好，但自己总认为干不好，底气不足，结果真的干不好，这就是一个信心的因素在起作用。自信心能充分调动人的积极性，激发人的斗志，把人的潜能最大限度地发挥出来。

2.努力学习新的知识

人的一生都要学习，社会在发展，知识在更新，所以人也要根据时代的发展随时更新自己的知识，接受新事物。40岁以上的女人头脑里的条条框框可能比较多，总喜欢拿现在的和过去的相比较，从而影响了接受的速度，而年轻人就不同，他们没有这些顾虑，所以能够大口大口地吸收新知识。40岁以上的女人要知道，要想自己不被淘汰，就要像年轻人一样不断地学习。在学习的过程中，40岁以上的女人的记忆能力可能比年轻人差，但她们比年轻人更有智慧，理解力更强。姜还是老的辣，确实有它的道理。

3.要尽量争取家人的理解

中国人都有一种求稳的心理，40岁以上的女人本来已拥有一份职业，现在却要抛弃，去进行一项新的冒险，家里人的顾虑甚至反对是难免的。这时，你要保持冷静，要向家里人说清楚，虽然想过安逸的生活，可是为了更大的发展，必须做出暂时的牺牲。对丈夫、对孩子，你是深爱的，正是为了他们，你才要去开创新的事业。

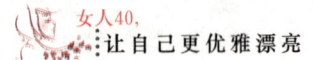

精诚所至，金石为开，只要你讲究策略，一定会取得家人的谅解和支持，即使家人暂时转不过弯来，你也不能着急，而是要一边说服，一边开创自己的事业。

丈夫、孩子都是爱你的，只是不同意你的做法而已。一旦你遇到了困难和挫折，他们不会熟视无睹的。等到你的工作出现了业绩，事业有转机时，丈夫、孩子自然会当对你另眼相看并全力支持了。

总之，40岁以上的女人在二次创业过程中虽然要付出一定的代价，但只要咬紧牙关，积极努力，就一定能抓住这最后的机会，开创出一片美好的新天地。

▶ 即使下岗也要卷土重来

如今，到了40岁左右的人，肯定都有过深刻的伴随改革浪潮的经历，资格深的在这场浩浩荡荡的改革大潮中立稳了脚，保住了自己的饭碗，如果没有一技之长，那就可能成为了这场大潮中失业的一员，而其中又以女性为多。本来这个时期的女人就已经承受着自己身体功能的退化所带来的一切浮躁的情绪的影响，再加上下岗，心理上很难保持一个平衡的状态，因此也就容易患上"下岗心理综合征"，这无疑是给中年女人们雪上加霜。

对于这场突如其来的大潮，很多女性朋友没有足够的思想准备，所以对于突然出现的待业在家，常常感到一种无所适从的压力，如再加上更年期综合征，就会出现多种心理上的问题，比如压抑、愤懑、急躁、易怒、紧张、恐惧，有时也会出现自卑、多疑等多种不良的心理变化，如此多的重担压在一个柔弱女人的肩上，实在如千斤巨石般不堪重负，从而就会引发多种身体疾病，如心悸、心慌、肌肉跳动、震颤不宁、失眠多梦等。

面对种种难关，女人们如何才能挺得过去呢？所以此时做丈夫的一定要学会忍耐和开导，帮助没有工作的妻子渡过难关。

有这么一对夫妻，他们在这方面做得很好。鞠丽和爱人都是平平凡凡的人，鞠丽在纺织厂当纺织女工，丈夫在一个公司当助理工程师。前年，鞠丽的工厂精简人员，她被刷了下来。心里很是想不通，而她又没有什么能力再找其他的工作，所以脾气就变得越来越暴躁，经常是冷不丁地发脾气，对儿子和丈夫都一样，但幸好爱人没有和她斤斤计较，反而更加宽容和冷静地给她分析情况，并鼓励她勇敢滴面对生活中的坎坷和挫折。后来，慢慢地，鞠丽的情绪有所缓和，丈夫又趁机帮助鞠丽在附近租房子开了一个小卖部，这样她就有了事情做，每天过得充实了，脾气自然而然就好多了，从此也更多了一份对丈夫的关爱和体贴。

所以说，当遇到这种事情时，丈夫起着举足轻重的作用。当妻子处在心理失衡状态，需要调整、适应时，做丈夫的切不可有任何指责和埋怨，即使妻子火气冲天，也应理解她的心情，克制忍让，多劝解和安慰，尽量帮助妻子降低期望值，使她不再长时间陷入苦恼之中。

丈夫应协助妻子重新就业，让她利用空闲的时间多学些知识，以便适应再就业的竞争。只要摆正位置，凭着勤劳的双手，总会找到适合自己的工作。若短期内不愿重新工作，也可调整目标，集中精力搞好家务，教育孩子，使丈夫能安心工作，这同样也是为社会做出了自己的贡献。

很多下岗女性都能经过一段时间的适应，从下岗的阴影中走出来，重新适应新的环境。倘若心理失衡长时间不能恢复，丈夫可陪妻子去医院的心理门诊咨询、求治。但需要提醒的是，丈夫的爱心才是调治妻子心病的最好良药。

适合40岁女人经营的几种小店:

1.开家"亲情出租"店

"亲情"还能出租？这不是所谓的真正意义上的出租，而是适应市场经济发展而开发出来的一种新型的服务。据统计，目前我国60岁以上的老人已超过2亿，这是一个极为庞大的市场，而他们中的大多数人都过得很孤单，原因在于他们的子女因工作繁忙，无暇顾及老人的生活，所以老人们很需要有一个能陪他们聊天的人。所以"亲情出租"店就应运而生了，服务对象当然也以老年人为主，诸如，陪老年人聊天、吃饭、消磨时光，解除他们的孤独感和寂寞感，还可以帮他们做一些实际的事情，比如买菜、做饭、购物、陪同看病、陪护等。

其实，开办一家这样的店并不复杂，所需的资金也不是很多，只要有一个固定的办公地点，再有联系业务必备的电话和一些办公用品便可水到渠成了。而店内的人员则根据自己的需要来调整，还有收费标准一定要合理才行，在做之前可以先调查一下市场行情，然后胸有成竹地去做就不会有太大风险了。

2.开个露天啤酒吧

啤酒是人们非常喜欢的东西，不论男人还是女人，尤其是在酷热难耐的夏天，人们都愿意饮上几口凉爽的啤酒消暑。但经营之前一定要看好地理位置，这是很重要的，它决定着以后生意的好坏。但如果是很有个性的啤酒吧，让人去过一次就不会忘记的那种，位置差一点儿也没关系，因为大家去过一次就印象颇深了，这样会吸引到许多老顾客。

生活中已经有了很多这样的露天啤酒吧，所以一定要做得有自己的特色，那就要看你的慧眼是否能看出商机了。一般人们经常选择的地方是街头的广场、公园的一角或居民小区的空闲地带。开啤酒吧的用具也很简单，支上几把太阳伞，摆上些桌子和椅子，再准备充足的啤酒，这样露天啤酒吧就算诞生了。具体的服务内容很随意，可以提供现酿的啤酒，还有冰啤等，但很重要的一点就是得靠新颖和特色来招揽顾客，要在万绿中做那一点红。

据了解，冰啤是男女老少都很喜欢的一种啤酒，所以这个是不能少的，另外就得自己想新招了。啤酒的设备也不是很贵，一般家庭都能承受得起，所以只要想好了，那就去做吧。

3. 开间茶坊

喝茶品茶是老北京的一个特色。在茶坊这样一个雅致的地方，修身养性、放松心情是最好的一个选择。做茶坊的地方不一定要大，但一定要装修精致，店内设置也要清新高雅，店员也要懂得茶道知识，最后，一个新颖别致的店名是最为重要的。人们来品茶喝的是一种心情，所以首先店名要吸引人，继而才会有驻足的脚步，这样便多了一次机会。

除此之外，有茶就一定得有书，多多准备一些只有知识性、休闲性的书籍，放在店里的书架上，这是必不可少的。大多来品茶的都是些性情中人，所以要投其所好，准备些象棋、五子棋、书法等有品位有格调的游戏，让茶客在品茶读书之余，也能品味出另一番滋味。最关键的是茶坊需要体现出商家具有一定的文化修养、审美水平和丰富内涵，这样才能带给茶客无限的遐想。

4. 开家代销点

代销点是根据市场需求应运而生的，有些企业为了拓宽市场，但又不想投资太多，所以便推出了这种代理销售的方式。做这种代理，投资少，一般只是交付一定的代理押金。此外，风险也小，所经营商品均由厂商送货上门，售后服务也只需和厂家联系便可。据说许多成功人士都是以此小试身手，然后一发不可收拾的。

做代销点之前要认真搞好市场调查和研究，确保万无一失。如果一切都

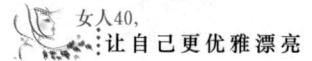

准备就绪,那就尽可能地发挥自己的才干去拼搏吧。

俗话说得好,"撑死胆大的,饿死胆小的",人生短暂,自己想做的事情想好了就去做,别犹豫。奋斗了,拼搏了,即使没有成功,也不会再后悔了。

PART 2　好人缘是女人一生的财富

▼ 社交给了女人展现自我的天空

俄国作家契诃夫说过:"不和男人交际的女人渐渐变得憔悴,不和女人交际的男人渐渐变得迟钝。"与人相处是女人生命的亮点。它不仅照亮女人,也让身边的人感到光艳夺目。崇尚社交是女人的天性,女人对交际有天然的敏感。男人的社交重心在于事业,女人社交的重点更多地体现在情感需要上。社交中的女人像香气四溢的花丛,自然有蜂儿像云朵一样地聚集。

"请学会社交吧,因为你的面前是成群的职业高手!"这是美国著名女性专家大师波尔·特丝对现代女性的一句忠告!交际是人类的基本需要。没有社交的女人是可怜的,没有女人的社交更是可悲的。随着社会的进步,女性参加社会活动的机会越来越多,女性从社交中获得的益处也越来越多。对一个人的人生而言,群体活动是其中的重要环节,人就是在群体活动中度过的。没有社交和群体活动,人生就会变得枯燥乏味,甚至了无情趣。

社交给了女人一片辽阔的展现自我的天空,女人也因为参与社交而变得更加聪明和豁达。德国著名哲学家叔本华曾说过:"人的社交,根本不是本能。也就是说,并不是爱社交,而是怕孤独。"而四十几岁的女性恐怕是

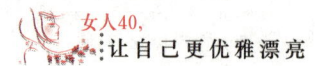

最害怕孤独的动物了，在纷繁的世界里，她们是如此的渴望朋友、事业和爱情，如此期盼理解、认可和尊重。社交是四十几岁的女人获得心理平衡的重要方法。

情感沟通是交际得以维持并向更密切的关系发展的重要条件。女性在交际中多"输出"一些感情，就可能多一份回报，同时情感交流使得交际更有进展。

现代心理研究表明，女性个性的构筑明显地纵横着交际的经纬。因为人的交际十分醒目地涂抹着个性的色彩，使得个性的调色板上沾着社会交际的颜料。

交往并不是我们表面上看到的，仅仅是双方相互通通话而已，它应该包含更深一层的含义，那就是在交往双方之间建立一个良好的关系和友谊。而在现实生活中如何进行交往是有许多技巧和经验可循的。

"赞扬能使赢弱的躯体变得强壮，能给恐惧的内心恢复平静和信赖，能让受伤的神经得到休息和力量，能给身处逆境的人以务求成功的决心"。实验心理学对酬谢和处罚所做的研究也表明，受到赞扬后的行为，要比挨了训斥后的行为更为合理、更为有效。

除了赞扬人，还有一点也很重要，那就是感谢人。旁人即便替你做了一件微不足道的小事，你也不要忘记说声"谢谢"。与此同时，你还应该不断地去发现值得感谢的东西。这种感谢是对对方所做的事情和对对方人格的尊重，它与赞扬具有同样的出发点。所谓感谢，就是使用亲切的字眼，向对方表达自己的心情。光在心中想是不够的，而且还要表达出来——这一点具有十分重要的意义。

懂得交际的女人，就要学会如何倾听。有些女性因为很想让人觉得自己"有才气""理解能力强"，所以喜欢经常说俏皮话，结果却给人造成"不懂装懂""卖弄学问"和"只想谈论自己"等印象。你对别人的话若能做到侧耳倾听，连半句也不放过，那么别人反而会觉得你很有水平。事实上，一个人越是有水平，他在听别人讲话时就越认真、越专注。所以那些讲起话来口若悬河、滔滔不绝的人，那些不管在什么场合都想发表自己意见的人，和那些等不到对方把话讲完就想做出回答的人，还是应该学会耐心聆听对方讲话，这样才能显得聪明、慎重和深谋远虑。

理想的人际关系是建立在相互交流思想的基础之上的。如果对于对方的希望、意见和感情缺乏了解，那么双方的意志就不可能取得统一。要了解对方，当然就得侧耳倾听。在直抒胸臆之前，先听听对方的话是很重要的。你如果不好好听对方讲话，而是夸夸其谈、喋喋不休地先将自己的内心世界来个"竹筒倒豆子"，光凭这一点，你就已经输给了对方。

若能鼓励和引导对方把话都讲出来而自己保持缄默，那么对方就无法掩饰自己的内心世界了。专注地、同情地、耐心地侧耳倾听对方暴露自己的内心世界，那就是了解对方的过程。通过这种侧耳倾听，你就能交上好朋友，你就能被朋友所钟爱，从而提高满足感和幸福感。侧耳倾听是最能使对方感到高兴的一种"赞语"，也是对对方自尊心的强化。与此相反，你如果不肯侧耳倾听对方讲话，那就会使对方的自我趋于萎缩。

▶ 良好的关系网，让女人左右逢源

每一个四十几岁的女性，都要善于塑造自我、肯定自我、提升自我、表现自我，而在人际交往中能够精心营造出属于自己的社交圈，则是新时代女性在性别主体上和独立性上的最好体现。她们的社交圈通常都包含"第一圈

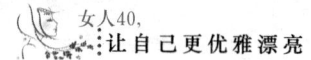

子"和"第二圈子"两个层次,其中:

第一圈子是为了利益。通常"第一圈子"中利益的成分占很大比重,因为将彼此联系在一起的是工作。很多事情,就算你不喜欢,你还得做;很多人,就算你不喜欢,你也得和他们打交道。在这个圈子里,有你所不喜欢但必须直面的人,所以这个圈子未必是轻松的。

第二圈子是你喘息的地方。你可以和好友约好每周末做美容,善待自己外加放松心情;你可以和几个玩得来的朋友去酒吧、逛商店,聊到哪里是哪里;还可以在节假日和"狐朋狗友"一起出门旅游,潇洒走天涯。这样的圈子很松散、默契,因为大家的目的和取向很明确,就是追求快乐。

许多四十几岁的女人善于打造自己的交际圈,她们在多个交际圈中长袖善舞,这不但是女人的自信,也是女人魅力的表现。

当然成功地打造了自己的人际关系网络以后,并不代表它就一成不变了,事实上,世界上的一切事物都处于不断地运动、变化和发展之中。精心营造的人际关系如果不随着客观事物的发展而发展,就会逐步处于落后、陈旧甚至僵死的状态。因此,一个合理的人际结构,必须是能够进行自我调节的动态结构。动态原则反映了人际结构在发展变化过程中前后联系上的客观要求。

所以,要不断检查、修补自己的关系网络,随着部门调整、人事变动及时调整自己手中的牌,修补漏洞,及时进行分类排队,不断从关系之中找关系,使自己的关系网络一直有效。

四十几岁的女性在成就事业的过程中,良好的人际关系能帮助你拓宽思维的视野,提高你的内涵和生活质量。而要拥有良好的人际关系,就必须建立良好的人际关系网。和谐、友好、积极、亲密的人际关系都是良好的人际关系,对一个人的工作、生活和学习是有益的。相反,不和谐、紧张、消极、敌对的人际关系则是不良的人际关系，对一个人的工作、生活和学习是有害的。

这里，提供一些与人交往的成功技巧，供欲成就事业的四十几岁的女性朋友参考：

1.与每个人保持积极的联系

要和关系网中的每一个人保持积极联系，唯一的方式就是创造性地运用自己的日程表，记住那些对自己特别重要的人的重要的日子，比如生日、结婚纪念日等，在这些日子里打电话给他们，或者寄贺卡给他们，让他们知道，世界上有这样一个人始终在心里记挂着他们。

2.组建稳固的关系网核心

一个关系网要维持下去，必须要有核心，没有核心，关系网自然就不复存在了，所以，一定要选几个你自认为能靠得住的人组成良好、稳固、有力的人际关系核心。有了这样的一个核心，你的这个关系网就会长期存在下去，在你成就事业的过程中发挥它的作用。

3.学会推销自己

人生就是自我推销的过程，所以，成就事业的女性要学会推销自己。推销自己是一种艺术。当你学会了推销自己，你几乎就可以推销其他任何值得拥有的东西。不要总是以为：金子总是会发光的，要知道，深埋在泥沙中的一块黄金尽管价值连城，也会因为永远沉默而失去它存在的意义。

4.遵守关系网守则

成就事业的女人要时时刻刻提醒自己遵守关系网的规则。关系网的规则不是"别人能为我做什么"，而是"我能为别人做些什么"。所以，在平时的交往中，当回答完别人的问题时，不妨再问一句："我能为你做些什么？"

5.常出现在重要的场合

一个成就事业的女性要经常出席一些重要的聚会,比如开业庆典、婚礼、升职派对等,因为这样的场合可能同时汇聚了自己的不少老朋友,可以利用这样的机会进一步增进友谊,同时,在这样的场合还可能结识许多新朋友。

6.以最快的速度祝贺朋友

遇到朋友升迁或者有其他值得庆贺的事情,要记得在第一时间里向他表示祝贺。当你的关系网中的任何一个成员升职或者调到新的组织去时,要记得祝贺他们,同时也让他们了解到你的情况。如果不能亲自到场,最好也要通过电话表示一下自己的祝贺。

7.主动交往

在现实生活中,有许多人尽管与人交往的欲望很强烈,但仍然不得不常常忍受孤独的折磨,他们的朋友很少,甚至没有朋友,因为他们在社交上总是采取消极而被动的退缩方式,总是等待别人来首先接纳他们。因此,虽然他们同样处于一个人来人往、熙熙攘攘的世界中,却仍然无法摆脱心灵的孤寂。因此,我们要想同别人建立良好的人际关系,就必须做交往的始动者,让自己处于主动地位。

8.关心和帮助别人

患难识知己,逆境见真情。当一个人遇到坎坷、碰到困难、遭到失败时,往往对人情世态最为敏感,最需要关怀和帮助。这时,哪怕是一个笑脸,一个体贴的眼神,一句温暖的话语,都能让人感到安慰,感到振奋。因此,当别人遇到困难、陷入困境时,你若及时伸出援助之手,帮助困难者,安慰失意者,可以很快赢得别人的信任,建立起良好的人际关系。如果对别人漠不关心,麻木不仁,小气吝啬,怕招引麻烦,那么你们的交往很可能因此而中止。

9.不要总是做接受者

在交际中不能总是做接受者。如果你仅仅是一个接受者,无论什么样的关系网络都会疏远你。所以,在建立关系网时,要做到好像你的职业和生活都不能离开它似的,事实上你也的确如此。

学会编织关系网的真本事,你就能够左右逢源。

▶ 用心呵护你的小圈子

如果说血缘关系对于人的一生就像血管里流动的血液,那么友情关系就好像是人在生命中所需的氧气一样重要,交际圈就是一个氧气瓶。没有血液的流动不可能把体内的废物排除,也不能把新鲜的氧气带入身体,人就没有充满朝气的人生与生活。在人的一生中,从呱呱坠地到气若游丝、恋恋不舍地离开人世,漫长的岁月中的每一步都离不开亲人的关心与照顾。但是,亲人的关爱远不是一个人在社会中唯一的爱,四十几岁的女性要成为一个真正意义上的健康人,并进而成就事业,建立、呵护好交际圈才是最重要的。

在社会中,我们看到过许多这样的女人,她们因为自己的经济状况或权势很优越,对那些囊中羞涩和平庸的女人,不需要用语言,仅从她们的眼神中就可以读到那种不屑,而一旦张口说话就更是对自己身价倍加标榜。如果有这样的大前提,即使是好心的关怀,从她们的嘴里说出来也会带着一种怜悯的味道。无疑,交际圈在她们眼里就是用钱堆积起来的一座空中楼阁,突然有一天,大树倒了,猢狲就散了,更不要说成就事业了。因此,联系人与人之间的纽带,不是金钱,而是真情。

一个人在最失意的时候,最需要的是亲人的关爱、朋友的关心。要想得到别人的关心，首先得付出自己的爱心。自己从来不懂得去关心他人，在你需要关心的时候就会感到世态炎凉、人情冷漠。友情存在于我们生活中的每时每刻，交际圈也需要你每时每刻用心呵护。

女性朋友一定要认识到，人们在生活中需要交际，成就事业更需要社交和友谊。走进开放的交际圈是现代女性的重要标志之一。处在信息时代的现代人，除了关心家庭和单位里与自己有直接关系的事情外，还对许多与自己无直接关系的事情发生兴趣，而所有这些信息的获得都离不开交际。随着人与人之间交际的广度、密度与深度的拓展和强化，彼此之间逐渐建立起一种珍贵的、深厚的、亲密的感情，即友谊。它是人们友好交往的积极成果。友谊在交往中产生，在交往中发展，反过来又促进了交际，友谊与交际圈密切相关。所以，一定要用心呵护你的交际圈。

上海视点公司的朱艳艳是一名成功的女性，她利用自己当年在酒店工作期间和媒体、政府部门建立的良好关系，为联合利华、惠而浦等多家国际知名的大公司提供公关服务。

一家成功的公关服务公司必须和媒体保持良好的关系，这样公司策划的新闻发布会才会得到媒体的支持。曾经当过酒店公关经理的朱艳艳很善于利用女性特有的细心和柔情呵护自己和媒体的关系。

每次举行新闻发布会，朱艳艳都会细心地记下到场记者身份证上的出生日期，如果某次新闻发布会正好有记者过生日，朱艳艳会让人提前准备一大束鲜花，在合适的时间将这束花送给过生日的记者，收到鲜花的记者都很感动。这一束鲜花里包含的关怀和祝福是通常吃吃喝喝那样的活动所难以企及的。

正是这种细微而温馨的举动，使朱艳艳和媒体之间保持着良好的关系，当视点公司组织新闻发布会等活动时，新闻记者总是积极前往，鼎力相助。

在呵护你的小圈子的过程中，有几点是需要女性朋友注意的：

第五章 女人，要为自己撑起一片天

（1）出了问题要尽量从自身找原因

如果你与周围的人关系处得不够好，你可以随便挑出几个理由，说明你是如何无辜，责任似乎全在别人。也许你的解释很有说服力，但是你要想到的是，这种不良的人际关系在很大程度上是你自己造成的。

（2）对别人千万不要不屑一顾

你对同事、朋友的言谈举止不屑一顾时，你就以所谓的清高孤傲与他们拉开了距离。尽管他们可能说话比较粗俗，你有一千个理由不理他们，但你要看到，你这样做就会将自己一个人孤立在高处不胜寒的顶端。

（3）彬彬有礼地对待别人

当你扬着头语气生硬地与别人交谈时，你等于在自己和别人之间竖起了一道藩篱；当你瞪圆了你的杏眼，竖起你的柳眉时，你与别人的关系已经变得比较险恶了。

（4）不要过于敏感

敏感像长歪的树枝，干扰你们之间的正常交流。不要过于注重朋友对自己的态度，而不去关心原因。

你可能认为友情应是专一的，最好的朋友只有一个，要求朋友对你也同样专一，永远充满热情；无论何时当你需要帮助时，甚至半夜都可以把朋友从梦里拉起来聊天，她也应毫无怨言；不允许自己被朋友冷落，即使高朋满座，也不能把你遗忘……但你要明白，友情是默默的关怀。每个人都在为生活奔忙着，只要彼此牵挂着对方，有了困难能无条件地帮助对方，让朋友知道有可以诉苦的人，这就足够了。

（5）不要抱怨

即使是再要好的朋友也不能忍受你对她不停地抱怨，友情是美好的，但不完美，就象世间的事物一样，朋友之间也难免会有误解或矛盾。每个人都有自

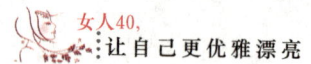

己的性格,也许你不会当面指责朋友的错误,但若是到另一个朋友那里去说闲话,那可就糟了。因为你失去的将不只是一个人的友谊。

(6) 不要嫉妒

嫉妒是人性中的一块阴影。有时面对朋友的成功,你的心中除了喜悦之外也许还多少有些失落的酸涩,这是危险的!如果任由这种嫉妒发展下去,你们的友谊迟早会出现裂纹。其实一个人的幸福,若能与朋友共同分享就成了大家的幸福,个人的痛苦若能分成几份去承担,也就不称其为痛苦了。

(7) 宽容待人

女人的心地往往是善良的,但那张不服输的嘴巴却往往坏事,影响女人的公众形象。"瞧她那副德性,脸抹得跟白眼狼似的!"不用说,这种女人必定不会有好人缘。因为一个厉害、苛刻、得理不饶人的人是不会真正让人信服的。

友谊是人生的一笔宝贵的财富,交际圈就是你储存财富的地方,也是你成就事业的资本。交际圈带给你生活的芬芳,真诚的友谊让你体会到朋友之间彼此的尊重和信赖。

拥有了友谊,人便同时有了高层次精神需要的满足。交际圈本身就是一个令人愉悦的精神场所,友谊就发生在个体与他人的友好交往过程中。交际圈确立了,友谊建立了,寻觅到了知心朋友,个人的欢乐可同他人分享,个人的痛苦也可以同他人分担,还可以相互激励,共同进步。

友谊如此芬芳,交际圈如此绚烂,要成就事业的女性朋友,你难道不愿意花点儿精力让它更为茁壮的成长吗?

做一个让别人信赖的女人

四十几岁的女人在成就事业的过程中，在与人交往的过程中，在打造自己的交际圈时，有一点必须十分注意，那就是一定要增加别人对你的信任度。

平时，一提到人际关系，很多人就会想起社会上一些所谓的哥们儿整日里在一起吃吃喝喝、吹吹拍拍的事情，也可能想到两人在一起做生意赚钱后在灯光下分钱的情景，或者想到人们之间的互相利用，等等。这些当然是人际关系的一个组成部分，但是，在人与人的关系中，人们最看重的并不是金钱、利益，也不是吃吃喝喝，而是人与人之间的信赖。

其实，四十几岁的时候，大多数女人已经有了自己固定的交际圈。但更重要的是，必须赢得他人的信赖。只要人与人之间有了信赖，即使你犯了错误，也可以得到别人的谅解；有了信赖，即使你拙于言辞，也不至于得罪别人，因为对方起码不会误解你的用意。所以，人与人之间，信赖可以带来轻松、直接、有效的沟通。

那么，怎样去做才会让别人对我们产生信赖呢？

1.了解别人

人与人之间的矛盾，很多是由于人与人之间不了解、缺乏沟通造成的。女人在这方面尤其突出。所以，认识、了解别人是一切情感的基础。人是世界上最复杂的动物。表面上看起来大家都大同小异，但你一旦深入地了解，就会发现人与人之间的差距其实是惊人的。同一种行为放在张三身上就可以增进情感的交流，而换到了李四那里，效果有可能完全相反。因此，唯有多了解并真心接纳对方的好恶，才可增进彼此的关系。比如你的孩子，当你正忙得手脚并用的时候，他却拿着自己养的几只蚕过来，让你看看它们为什么一动也不动。你可能觉得这件事情微不足道，但在他小小的心灵世界里，这才是头等大事。这时就需要我们认同他的观念与价值，尽量以对方的需要为优先考虑而加以配合。

一般人总是喜欢以己之心度他人之腹，以为自己的好恶与需要同时也是别人的好恶与需要。我们在处理人际关系时，若以这个为出发点，一旦得不到良好的回应，就会武断地认为别人不知好歹，从此不再付出。这其实是大错而特错了。古人云：己所不欲，勿施于人。这话的真谛在于，要想被别人了解和尊重，就得先了解、尊重别人。

2.注意一些生活小节

有句俗话叫"熟不拘礼"。其实，这是一种错误的观点。尽管熟人之间的礼节不像陌生人刚认识时的礼节多，但如果一点儿礼节都不讲，也会使熟人变"生"人的。一些看似无关紧要的小事，如果因为礼节的疏忽，不经意的失言，无意当中对彼此的挫伤，都会使我们感情账户上的存款减少许多。在人际关系中，最重要的其实都是小事，朋友之间哪有多少事情会跟国际与国内的局势有关？更何况，对于要成就事业的女人来说，小节更为重要，否则怎么会有"细节决定命运"这句名言呢！

人的内心其实是十分脆弱、敏感的，不管是男女老少，也不论贫富贵贱，即使他的外表很坚强，但他的内心仍有着细腻脆弱的情感世界。如此细腻脆弱的情感世界需要我们从一点点小事做起，小心呵护。

3.信守承诺

对于一个要成就事业的女人来说，守信是一大笔收入，背信则是庞大的支出，代价往往会超出其他任何过失。一次严重的失信会使你的信誉扫地，再难建立起良好的人际关系。我们可能听说过曾子杀猪的故事，所以，即使是做父母的也得要求自己不要轻易对子女许诺。如果不得不如此，事先也一定要考虑所有可能发生的变化，尽可能地避免食言。

只有守信才能赢得子女的信赖；唯有信赖才能使子女在关键时刻听从你的意见。如果偶尔由于无法控制的意外，你无法及时兑现你的承诺，在事后也要说明原委，请对方允许你收回自己的承诺。

4.阐明期望

几乎所有人际关系上的问题都源于彼此对角色与目标的认识不清。所以，不论是在办公室交代工作，还是在家中向子女分配家务，都要越明确越好，以免产生误会、失望与猜疑。

坦然面对问题有时的确需要女人有相当大的勇气，一味地逃避问题，希望船到桥头自然直，这样的确最为理想。但就长远来看，一开始谨慎从事总胜过事后追悔莫及。

5.诚恳正直

诚恳正直可以赢得信任，否则，已有的友谊与信任也会因为虚伪和欺骗而丧失殆尽。人后不道短，这是诚恳正直的最佳表现，在人后依然保持着尊重之心，可以赢得别人的信任。假如你有和同事背后攻击上司的习惯，你怎能保证你和那位同事的友谊就能天长地久？如果你们的友谊破裂，他就会怀疑你在背后对他说三道四。所以，即使对上司有所不满，你也要尝试着当面以委婉的语言把问题说清楚。所谓日久见人心，只要你正直诚恳，你的上司总会信任你的。

6.勇于道歉

人不可能不犯错误，有了错误就应诚恳地向别人道歉——不管是对你的上司还是你的属下。这种勇气并非人人都具备，只有坚定自持、深具安全

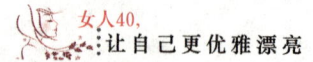

感的人能够如此。缺乏自信的人唯恐道歉会使自己显得软弱，使自己受到伤害，还担心别人会得寸进尺，所以觉得还不如把错误归咎于别人。其实，这恰恰是软弱的表现，会失去别人对你的信任。

7.无私地去爱

无私的爱可以给予别人以安全感与自信心，鼓励个人肯定自我，求得成功。由于这种爱不附带任何附加条件，没有任何的牵绊，使被爱者体验到人生最为美好的情感，从而激发出更大的潜能。不过，无条件的爱并不是盲目的，我们依然要有原则、有限度、有是非观念，只要无损于爱心。

如果上面的几个方面都能够做到，那么四十几岁的你肯定会是一个让别人可以信赖的女人，也是一个能够成就事业的女人。

▎方与圆的变通交际艺术

"方"，方方正正，有棱有角，指一个人做人做事有自己的主张和原则，不被人所左右。"圆"，圆滑世故，融通老成，指一个人做人做事讲究技巧，既不超人前也不落人后，或者该前则前，该后则后，能够认清时务，使自己进退自如，游刃有余。

"内方"，是决定一个人究竟能做多大的自己的一种成功所必备的条件和资本。为什么有很多人被失败轰然击倒，正在于骨子里缺少这种"内方"的精神，缺乏挑战自我、挑战他人的一股"气"。常说"人活一口气"，这里所谓的"气"，就是成就自己的内心动力。

"方"是做人之本，是堂堂正正做人的精神脊梁。正如陶铸所言："一个人有了崇高的伟大的理想，还一定要有崇高的情操。没有高尚的情操，再

第五章 女人，要为自己撑起一片天

伟大的理想也是不能达到的。"

一个四十几岁的女性要走向成功，需要以德立身，这是一个成功者必须确立的内在标准，没有这个内在标准，人生之路就会失去支撑，最终导致失败将是必然的。

无论你从事何种职业，你都应该在自己的职业中做出成绩来，同时还要在自己的做事过程中建立自己高尚的品格。

在你做一名律师、一名医生、一名教师、一名职员、一名服务人员，或者一名公务员时，你都不要忘记：你是在做一个"人"，在做一个具有正直品格的人。这样，你的职业生涯和生活才有意义。

但人与人之间总存在许多不可言说的微妙关系——你所想的，也许正是别人所想的；你所需要的，也许正是别人所需要的。所以，就会出现涉及大小利益的争夺现象，就会出现谋取名声的心理战术，就会出现前后不一样的"太极拳"，就会出现"流言剿人"的暗袭事件。这样，凡此种种，都说明了人与人之间的关系不可能都是透明清晰的，时常是"人心隔肚皮"。如果你用简单、单一，甚至不加区分对象的方式与人交往，其结果就是你可能会成为"靶子"，难以成就你的每项计划，甚至会被人"搅局"。这是你不明"外圆"之道而导致的人生困局。因此，你应该用含蓄、藏隐、进退等"外圆"之道，善于"调控"自己的言行，尽可能地把各种"摩擦系数"降到最低，在一种"人和"的气氛中做好自己的事。千万不可与人死"扛"，非要泾渭分明、论高论下。

纷繁复杂的社会，急需人与人之间的亲和之力，所以人们对头角峥嵘、个性张扬的人在无形之中便持排斥态度，个性很强的人往往会觉得活得很累。

女性在纷繁复杂的人际关系中，内方外圆就显得尤为重要。

变通是女性成功的万向轮。

人生的巧妙正在于合"内方"与"外圆"为一，即内心刚直，外表柔和，不张扬自己，不夸大自己。

真正懂得"方圆"的女人是大智慧与大容忍的结合体，有永不妥协的霸气，有沉静蕴慧的平和。真正懂得"方圆"的女人能对大喜悦与大悲哀泰然不惊。真正懂得"方圆"的女人，行动时干练、敏捷，不为感情所左右；退避时能审时度势，全身而退，而且能抓住最佳机会东山再起。真正懂得"方圆"的女人，没有失败，只有沉默，是面对挫折与逆境时积蓄力量的沉默。

总之，四十几岁的女人只要学会运用"方圆"之理，必能无往不胜、所向披靡；无论是趋进，还是退止，都能泰然自若，不为世人的眼光和评论所左右。

下面故事中的主人公张莹就是一个善于变通、能够创造性解决问题的高手，正是这种遇到困难积极找方法的精神造就了她事业上的成功。

几年前，已经40岁的张莹还只是一家建筑材料公司的业务员。当时公司最大的问题是如何讨账。公司产品不错，销路也不错，但产品销出去后，总是无法及时收到回款。

有一位客户买了公司10万元的产品，但却总是以各种理由迟迟不肯付款，公司派了三批人去讨账都没能拿到货款。当时张莹到公司上班不久，就和另外一位姓郑的员工一起，被派去讨账。她们软磨硬泡，想尽了办法，最后客户终于同意给钱，叫他们过两天来拿。

两天后她们赶去时对方给了一张10万元的现金支票。

她们高高兴兴地拿着支票到银行取钱，结果却被告知，账上只有99000元，很明显，对方又要了个花招儿，他们给的是一张无法兑现的支票。第二天就要放春节假了，如果不及时拿到钱，不知又要被拖延多久。

遇到这种情况，一般人可能就一筹莫展了，但是张莹突然灵机一动，拿出1000元,让同去的小张存到客户公司的账户里去。这样账户里就有了10万元。她立即将支票兑现了。

当她带着这10万元回到公司时,董事长对她大加赞赏。之后,她在公司不断发展,5年之后当上了公司的副总经理,后来又当上了总经理。

同张莹一样,许多女性成功的秘诀就在于善于变通。遇到困难就要积极地想办法,努力变通才能克服困难,走向成功。美国著名人物罗兹说:"生活中的最大成就是不断地改造自己,以使自己悟出生活之道。"由此可知,变通就是女性遇到困难和变化时所应采取的最有效的方法和手段。

第六章

为健康买单,维持女人持久活力

PART 1　女人要掌控好自己的健康

▶ 让生命在运动中充满活力

你希望自己永远年轻吗？那你就每天尽可能地挤出一点儿时间去参加各种有益的运动，持之以恒，可葆你青春常驻。

坚持体育锻炼能够提高女人的免疫能力，能够减肥、降低血压和胆固醇的含量。因此四十几岁的女人要想使自己青春常驻，最佳的药方是不断地运动。

适度的运动对扩大肺活量、增加心肺功能、活动和协调四肢都有好处。四十几岁后，女人大多喜欢安静的待在办公室或家中，很少主动去参加各种活动，这对身心健康是不利的。从生命科学的角度看，经常运动锻炼可以让人们在愉悦的情绪中焕发体内的活力，可以增强人体免疫力，可以让人松弛精神，使压力得到缓解。四十几岁的女人为了实现"第二青春"的梦想，应当利用各种条件，抽出空闲时间，积极参加运动健身。

生物学上有一条规律，叫作"用则进，废则退"，人体的各个组织、器官的发展变化也是如此。运动与生命息息相关，不断地坚持锻炼，参加各种形式的体育活动，不仅有利于人体各器官的活动，更可以促使四十几岁的女人健康长寿。

运动的作用

根据现代医学的研究，合理的运动能改善女人各个系统的功能：

1.增强心血管系统的功能

爱好运动的人心肌收缩有力、排血量增加，营养心脏的冠状动脉的口径会增粗，心脏的供血将会得到改善、全身血管的弹性会增强，动脉粥样硬化将会得到延缓，心功能增强，血压与心率对各种情况的适应能力也将增强。

2.改善呼吸功能

人体在运动中需要吸进更多的氧气，排出大量的二氧化碳，因而肺活量增大，残气量减少，肺功能即可增强。呼吸功能好有利于人体维持旺盛的精力，推迟身体的老化过程。

3.提高消化系统的功能

人在运动时要消耗一定的能量，也就增强了体内营养物质的消耗，并使整个肌体的代谢增强，从而提高了食欲。运动还促进胃肠蠕动、消化液分泌，肝脏、胰腺的功能也会得到改善，使整个消化系统的功能都得到提高。

4.改善神经系统功能

运动是在神经系统支配下的协调活动，坚持运动的四十几岁的女人常表现为肌体灵活、耳聪目明、精力充沛。这正是神经系统功能健全的表现。

5.促进脑的血液循环

运动在促进脑的血液循环的同时，可以改善大脑细胞的氧气和营养供应，延缓中枢神经系统的衰老过程，提高其工作效率。这对脑力劳动者来说尤其重要。反复的肌肉活动训练可使神经系统兴奋和抑制的调节能力更趋完善，从而起到调节大脑皮质的功能。特别是轻松的运动，可以缓和肌肉的紧张，收到放松镇静的效果，对神经官能症、情绪抑郁、失眠、高血压等都有良好的治疗作用。

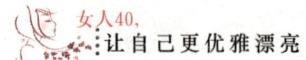

6.促使肌肉发达，骨质增强

运动本身就是对骨骼的牵拉，正确的运动可以提高肌肉的收缩与舒张能力，使肌纤维变粗，肌力增强。运动可以改善全身的血液循环，肌肉、骨骼的营养也得以改善，骨骼的物质代谢增强，使骨骼的弹性及韧性增加，从而延缓了骨骼的老化过程，并可防止骨质疏松、骨关节退行性改变、关节酸痛等症。

7.促进内分泌系统的改善

运动时内分泌系统，特别是对调节新陈代谢起着重要作用的垂体——肾上腺系统以及胰腺等消化腺的功能，影响更大。而肌肉的丰硕、骨骼的健壮、韧带的柔韧、血管的弹性、心肌的增厚、毛细血管网的增多等，无一不是在内分泌系统的调节下形成的。运动能改善糖代谢，防治糖尿病；运动能降低血胆固醇，防止动脉硬化；运动能促进多余脂肪的利用，防止发胖；运动能改善性功能，使性生活更和谐等。这些都与内分泌调节功能的改善有关。

怎样运动

四十几岁的女人锻炼要遵循一定的原则，合理安排运动项目、时间和场地。如此才能达到运动健身的目的。

1.选择适合四十几岁女人的运动项目

四十几岁的女人应根据自己的身体健康状态、运动负荷强度、使用的器材、锻炼程度、周围环境、兴趣爱好等选择不同的运动内容和方式。

2.运动量要适度

四十几岁的女人锻炼时要掌握合适的运动量。运动量由运动强度、时间、密度、数量和运动项目与特性构成。强度越大，时间越长，则运动量越大。运动量过大或过强，往往容易造成危险，特别是在刚开始锻炼的时候。比较合适的运动量为：运动时心率达到或稍超过120次/分，且在运动后5~10分钟内即恢复到基础水平，运动后第二天起床前，心率应该较运动前有所减少，若不减少说明运动量偏小，可以适当增加运动量。

通常在锻炼后身体有些发热，微微出汗，无疲劳感，感到轻松、舒畅，食欲和睡眠都较好，就说明运动恰当，效果良好。如果运动后感到头昏、胸闷、气促、恶心、食欲与睡眠不好，有明显的疲劳感，就说明运动量过大。

3.注意锻炼程序

循序渐进。选定好锻炼项目后，应遵循循序渐进、持之以恒的原则，以中等强度为佳。运动方式由易到难，由简到繁，由弱到强，由局部发展到全身，时间逐渐延长，难度逐步提高。每次运动应由静到动，再由动到静，逐步过渡。锻炼一旦开始就应持之以恒，切忌练练停停，这样对身体十分不利。

4.选择适宜的地点和时间

锻炼地点应选在空气清新的地方，如海边、公园、湖滨、宽敞清洁的绿化区等，避免在车辆来往较多的马路边、烟囱林立的厂矿区内及通风不畅的居民区内锻炼。同时，也要注意选择适当的锻炼时间。清晨空气清新，是锻炼的好时光，但在有大雾或风沙的清晨，空气中尘埃、细菌较多，最好不要晨练，可以等到太阳出来，浓雾散去或风沙停止后再进行锻炼。另外，饭后不要马上运动，以免造成胃下垂或消化不良。以饭后1~2小时锻炼为佳。

5.要注意运动时的呼吸方式

鼻腔中的鼻毛和湿润的黏膜可防止细菌和灰尘进入呼吸道，所以运动时要用鼻吸气，张口呼吸对呼吸道极其不利。呼吸要自然，因为憋气时胸腔内压力大，不利于血液回流至心脏。

6.运动前后的注意事项

运动前，特别是晨练前，血液较浓稠，流动缓慢，再加上运动中出汗，若水分得不到及时补充，极易形成血栓，如脑血栓、心肌梗死等，所以锻炼前应饮一杯开水，既能及时排除体内代谢废物及毒素，又能避免上述疾病的发生。

运动后有些人大汗淋漓，为图一时舒服痛快就用凉水冲澡，这样极易造成血管舒缩功能失调，引发关节、肌肉、心脑血管等疾病。正确的做法是，运动后稍稍休息，然后洗温水澡或用温水擦浴。

▶ 吃出健康，吃出美丽

女性进入中年以后，皮肤开始失去弹性，光滑度和透明感减弱，面部皱纹逐渐增多，头发变白、脱落以及体态发生变化等。所以，中年女性应注意身体及容貌的保养，以积极的心态向衰老挑战。而饮食的调养是延缓衰老、美容护肤以及改善自身不良状况最有效的手段之一。因此，中年女性在相夫教子和从事辉煌事业的同时，应多给自己几分关爱，吃出健康，吃出美丽。

自我判断缺乏哪种维生素

维生素是维持肌体健康所必需的一类低分子有机化合物。它不仅是身体健康必需的元素，还能帮助那些渴求美丽的中年女性实现心愿。但这类物质由于体内不能合成，或者合成量极少，因此，尽管需要量不多，每日仅以毫克或微克计算，却都必须由食物供给，否则就会出现缺乏病。所以，中年女性朋友要学会自我判断缺乏哪种维生素。

1.缺维生素A

主要症状：指甲出现深刻明显的白线，头发枯干，皮肤粗糙，记忆力减退，心情烦躁及失眠，夜盲症。

食物来源：全乳制品、动物肝脏与肾脏、蛋类、鱼肝油、芹菜、南瓜、萝卜等。

2.缺维生素B_1

主要症状：容易导致疲劳、丧失胃口，使皮肤过早衰老、产生皱纹，对外界刺激比较敏感，特别容易不安和易怒，小腿有间歇性的酸痛，记忆力减退。

食物来源：全麦面包、糙米、胚芽米、胚芽面包、猪肉、动物肝脏、花生、芝麻、海苔片等。

3.缺维生素B_2

主要症状：嘴角破裂溃烂，出现各种皮肤性疾病，手脚有灼热感觉。对光有过度敏感的反应。

食物来源：动物肝脏、菌类、鱼类、蛋类和奶类等。

4.缺泛酸

主要症状：舌头红肿，口臭，口腔溃疡，情绪低落。

食物来源：全麦制品、糙米、绿豆、芝麻、花生、香菇、紫菜、无花果、乳制品、蛋类、鸡肉、动物肝脏、瘦肉、鱼类等。

5.缺维生素B_6

主要症状：舌苔厚重，嘴唇水肿，头皮特多，口腔黏膜干燥。

食物来源：小麦、麦芽、动物肝脏与肾脏、大豆、甜瓜、甘蓝、糙米、蛋类、燕麦、花生、胡桃等。

6.缺维生素B_{12}

主要症状：行动易失平衡，身体时有间歇性不定位置痛楚，手指及脚趾酸痛。

食物来源：动物肝脏与肾脏、肉类、乳制品、鱼类、贝类和蛋类等。

7.缺维生素C

主要症状：伤口不易愈合，虚弱，牙齿出血，舌苔厚重。

食物来源：芦笋、豌豆、毛豆、菠菜、青椒、马铃薯、番茄、柑橘类水果等。

8.缺维生素D

主要症状：骨头和关节疼痛，肌肉萎缩，失眠，紧张以及痢疾、腹泻。

食物来源：鳍鱼肝脏中的油脂，大比目鱼、剑鱼、金枪鱼、沙丁鱼、青鱼等的鱼肝油，奶类，动物肝脏以及蛋类食品。

中年女性饮食中的"醋疗"

醋在日常生活中被广泛地使用。在古代醋被称为苦酒和"食总管"。醋中含有丰富的氨基酸、糖类、维生素B_1、维生素B_2、维生素C以及钾、钠、钙、铁、锌、铜、磷等。

食醋不仅是一种调味品，它还是一种保健食品。特别是对于中年女性来说，其保健效果尤为明显。

女性进入更年期以后，由于雌激素水平的下降使身体出现一系列的变化，如骨质疏松等。营养学家认为这个时期多食用含醋食品非常有益。

醋可预防缺钙。醋能促进人体对钙的吸收，使骨骼变得结实。钙和醋一起被人体摄入后，钙与醋所含的醋酸发生化学反应，生成更有利于被人体吸收的醋酸钙，从而预防骨质疏松症的发生。

醋能预防高血压。"少盐多醋"是中国人传统的健康饮食之道，但是外食频率高、大量吃加工食品的现代人，摄取盐量早就超过每天6克的建议量。如果能善用醋来增加菜肴风味并减少用盐，确实能降低患高血压、动脉硬化、冠状动脉心脏病、脑卒中等疾病的风险。另外，果醋里含有矿物质钾，可以帮助身体排出过剩的钠，达到预防高血压的目的。

最近有研究表明，果醋有利于控制血糖、增强胰岛素的敏感性，这项研究来自美国营养协会年会。亚利桑那州立大学营养系的科研人员发现：吃饭时喝20克果醋的人比不喝的人餐后血糖要低35%，饥饿感也会下降；美国宾夕法尼亚大学医学院的一位博士发现：即使仅仅是饭前吃两勺醋，对控制糖尿病病人的血糖、体重，增加胰岛素敏感性都会非常有帮助。这是因为醋酸可以抑制双糖酶，使食物的血糖指数降低，还能使骨骼肌中的葡萄糖-6-磷酸增加，其作用类似于糖普酶抑制剂及二甲双胍。

醋能促进维生素C的吸收。维生素C之所以能吸引人，是因为它可以预防和治疗癌症，而多吃也没有什么害处。维生素C怕热、易氧化、不耐碱，一旦受到外界条件的影响就会变质。但是，维生素C耐酸，而醋是酸性的，所以在制作含有维生素C的食物时，可适当地使用一些醋，就可以不破坏维生素C，而且有利于对维生素C的摄入和吸收，所以维生素C最好和醋一起食用。

此外，醋还有较好的健脾柔肝和胃的作用，有助于消化；有促进糖代谢而降脂、减肥和美容驻颜的作用；可以降低胆固醇，防止动脉硬化，还能增强人体皮肤细胞的功能，延缓皮肤衰老，并可逐渐消除皮肤上的黑斑。

食粥养生四季皆宜

粥是我国饮食文化中的一绝，古人认为，粥是第一补人之物。有首歌谣说得好："要想皮肤好，粥中加红枣。若要不失眠，煮粥加白莲。气短体虚弱，煮粥加山药。风热头又疼，粥里添花生。头晕血压高，芹菜煮粥妙。要保肝功好，枸杞粥有效。治疗腰腹痛，粥煮栗子灵。口渴心烦躁，粥加猕猴桃。便秘补中气，藕粥最相宜。防治脚气病，糙米熬粥灵。心虚气不足，桂圆喂粥除。对症选粥疗，健康疾病少。"

对于中年女性来说，食粥是一种既简单又有效而且四季皆宜的滋补养生方法。粥能补益阴液，生发胃津。其最大的特点是，除主要原料为粮食外，还往往辅以具有药用价值的各种配料，如莲子、苡仁、百合、红枣、茯苓等。特别是红枣，对女性营养很重要。

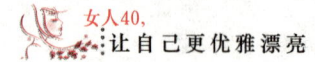

女性补阴养身粥

以下是适合女性的几种粥膳养生方：

1.益气养阴粥

原材料：大米100克，黄芪、黄精各20克，山药、白芍各10克。

适应证：身倦、乏力、气短、纳差等，如疲劳综合征、贫血、心脏供血不足等。

2.养阴润燥粥

原材料：大米100克，何首乌20克，肉苁蓉、北沙参各15克，莲子肉10克，桑叶3克。

适应证：便秘、心烦、头晕、口干舌燥等，如干燥综合征、更年期综合征等。

3.补虚益肝肾粥

原材料：大米、紫米各50克、女贞子、桑葚各15克，菟丝子、枸杞子各10克，黑木耳6克。

适应证：头晕、双目干涩、耳鸣、脱发、遗精、腰酸腿软等，如疲劳综合征等。

4.养阴润脏粥

原材料：大米50克，生地黄15克，百合、麦冬、黑芝麻各10克、黑木耳6克。

适应证：失眠、夜寐不安、白发、记忆力下降、便干等，如疲劳综合征、更年期综合征等。

煮粥的方法：将中药和米分别洗净，先将洗净的中药加水煮，约20分钟后，将药水倒出备用；将大米加水，煮至八成熟，再将煮好的药水倒入粥中，继续煮至米烂粥熟为止。其粥以稀稠适度为宜。每日服1~2次。

中年女性食大豆多多益善

大豆是豆类的一种，它含有多种氨基酸与磷脂等成分，其营养价值超过同重量的鸡肉，故被人们誉为"植物肉"。而国际上最新研究成果显示：大豆中含有一种叫大豆异黄酮的神奇物质，它的化学结构与人体分泌的雌激素极其相似，并能与人体内的雌激素受体结合，故被称为植物雌激素。这种植物雌激素对于减轻女性更年期综合征的症状、延迟细胞衰老、保持皮肤弹性、减少骨丢失、促进骨生成、降血脂等方面能够起到很好的效果。因此，女性进入中年以后，最好每天有意识地食用一些大豆类产品。

1.缓解女性更年期的症状

女性年过35岁之后，体内雌激素的含量开始下降，40岁之后，下降速度明显加快，直接导致更年期症状的出现。如有意识地摄取大豆异黄酮，可使雌激素水平保持在一个正常而稳定的状态下，有利于推迟更年期的到来并缓解各种症状。

2.保护心血管

女性进入更年期后，由于卵巢功能减退，体内雌激素合成与分泌不足，会导致脂肪和胆固醇代谢失常，使绝经女性血脂和胆固醇升高，易患心血管疾病。而大豆异黄酮能有效降低总胆固醇、低密度脂蛋白、极低密度脂蛋白的水平，并抑制动脉粥样斑块的形成，从而维护心血管的健康。

3.防治骨质疏松

研究发现：多吃大豆食品可使更年期以后的女性保持强壮的骨骼，从而减少骨折和骨质疏松的危险。从更年期开始就大量吃大豆制品的妇女，骨质变脆弱的人很少。在绝经早期和晚期，女性如果大量吃豆腐、熟黄豆和豆奶等富含大豆异黄酮的食物，她的骨骼就明显比少吃这类食物的女性要粗壮。

4.预防乳腺癌

国外学者通过长期的流行病学调查发现：豆浆的摄入量与乳腺癌的发病率呈负相关。无论在欧美等发达国家，还是在亚洲国家，随着居民每天大豆摄入量或豆制品消费的增加，乳腺癌的相对危险性呈下降趋势，其机制是大豆异黄酮具有阻止癌细胞增殖并促使癌细胞死亡的作用。

所以，女性在进入中年以后，每天食用一定量的大豆类产品，如豆浆、熟黄豆、豆腐，是摄取大豆异黄酮非常不错的办法。

几种豆类食疗养生方

1.红萝卜煮蘑菇

红萝卜150克，蘑菇50克，黄豆、西蓝花各30克，色拉油、盐各5克，味精2克，白糖1克。蘑菇切小块，红萝卜去皮切块，黄豆泡透蒸熟，西蓝花改成小颗；热锅下油，放入红萝卜、蘑菇翻炒数次，放入清水，用中火煮；待红萝卜块煮烂时，下入泡透的黄豆、西蓝花，调入盐、味精、白糖，煮透即可食用，可以达到较好的瘦身效果。

2.黄豆猪脚汤

猪脚350克，黄豆100克，香葱、党参各10克，盐、鸡精、米酒少许。将黄豆提前浸泡3小时。猪脚洗净后，切成大小适中的块儿待用。将洗净的猪脚放入沸水中，焯5秒后捞出。倒掉沸水，将猪脚、黄豆和其它原料置于新水中，用小火炖4小时即可。此汤滑而不腻，经常食用可使肌肤细胞保持滋润，减轻肌肤已有的皱纹。

3.豆腐炖黑木耳

豆腐200克，黑木耳25克，盐少许，鸡汤1碗。先将豆腐切成片，木耳泡发后洗净，然后将豆腐与木耳加入鸡汤中，放入盐一起炖10分钟后便可食用，可以起到降低胆固醇的功效。

第六章 为健康买单，维持女人持久活力

▶ 健身的误区，你知道吗

女性健身容易走入误区

现今许多中年女性把健身运动当作首选的强身健体的方式之一，但有些女性由于不了解健身运动的特点和运动规律，往往会走入误区。下面让我们来认识这些误区，减少运动中的困扰。

误区1：将健身运动性别化

很多女性朋友认为跳健美操才是适合女性的健身方法，而到健身房里参与器械训练是男性的专利，这实际上是一种误解。从运动生理角度讲，男性和女性在运动解剖、能量代谢等方面几乎是相同的，所以多种有益的运动形式给两性带来的良好结果也是基本相同的。利用各种器械进行全身性肌肉负荷训练，会使女性提高力量、耐力、速度等基本身体素质，还可以改善体形、增强活力。

误区2：运动停止会有"反弹"现象

有些肥胖的女性朋友认为，一旦停止运动身体就会有"反弹"现象，其实不是的。运动锻炼所消耗的脂肪包括两部分，一是以前囤积的多余脂肪，二是训练时摄入多余热量所囤积的脂肪。所谓的反弹，其实质是停止训练后不注意自身饮食，造成多余热量重新转化为脂肪囤积在体内，使得体重再度增加。因此，反弹现象是不科学的饮食造成的。

误区3：练哪儿就能减哪儿

很多女性最关心如何减去腹部脂肪，总认为只有练腹肌才能减去腹部脂

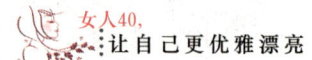

肪，其实不然。健美运动是要全面协调地发展全身各部位的肌肉，以塑造健美体形，因此女性朋友在运动时一定要注意全面锻炼身上的每块肌肉，否则将适得其反。

误区4：做有氧运动就可以改变体形了

很多女性朋友认为要想改变体形只要做有氧运动就可以了，其实不是的。如果只进行有氧运动，如跑步、骑自行车等持续性的运动，加之吃得少，可能会使体重降低，但并不能改变体形。换个形象的说法，它的结果是只能使你的体形从一个较大的梨子变成一个较小的梨子。倘若你想使体形变得更性感更有曲线，就要配合一下力量训练，它不仅可以大大提高代谢率，而且可以改变体形。

误区5：大量出汗就能减脂

很多跳健美操的女性喜欢不停地跳动，让自己大量排汗，以达到减肥的效果。同时又不愿补充水分，认为好不容易才出的汗，一喝就白练了。其实这是误解。人在大量排汗时，如果不及时补充水分，很容易造成虚脱。单纯的出汗并不能减脂，而适量的增加一些器械训练才能有效地达到减脂的目的。

误区6：举重训练会让女性变得很强壮

很多女性担心举重训练会让女性变得很强壮，其实举重训练可以定向性地改善体形，如让身体变得紧实、防止胸部下垂、改善办公一族的"驼背"现象、增加肌肉等。

误区7：不做热身运动

很多女性认为做热身运动既麻烦又费时，于是一到健身房便进入正题，其实这样做对身体非常不利。不论进行任何运动，在开始前都需要一段时间来疏通经络，这样可以增加局部和全身的温度以及血液循环，并且使体内的心脏血管系统、呼吸系统、神经肌肉系统及骨骼关节系统等能逐渐适应即将面临的较激烈的运动,从而预防运动伤害的发生。

以上7大误区希望中年女性朋友在运动时要引起注意,不可陷入其中而影响自己的运动效果。

▼ 女人如何变成一个水嫩美人

水是生命之源,人体一切的生命活动都离不开水。对于人体而言,水在身体内不但是"运送"各种营养物质的载体,而且还直接参与人体的新陈代谢,保证充足的摄水量对人体生理功能的正常运转至关重要。因此,中年女性应注意多喝水,这有利于消除体内的代谢产物、美容及防止疾病发生。

正常情况下,人体一天的进水量(包括饮料、固体食物、体内自身合成的水)需达到2000毫升左右,方能达到肌体的水平衡。对于每一位爱美的中年女性来说,水是保持皮肤良好形态的首要条件,当人体水分充裕时皮肤就显得丰满、细腻、富有弹性,缺水时皮肤便变得干燥、粗糙、角化,出现脱屑、皱纹,缺少柔软性和伸展性。因此中年女性要想让自己变成一个水嫩美人,就不要忘了给自己多多补充水分。

那么中年女性朋友应该如何给自己补水呢?

1.多饮水、饮凉水

每天喝上6~8杯水。保持一定的饮水量,不仅能有效地改善肌体的新陈代谢和血液循环,促进体内代谢产物的排泄,而且可调节皮肤的PH值,维持皮脂膜的稳定。饮水养肤美容以饮用凉开水效果最佳,因为凉开水的水分子结构与人体细胞内的水分子结构非常接近,容易渗透到皮肤组织内部,有利于补充皮肤中水分的不足。

2.还得留住水

有些中年女性朋友虽然也经常饮水，但皮肤仍旧非常干燥，主要原因就是肌体的储水功能较弱、藏不住水，因此有了水还必须要将其留住。而人体的储水功能主要依赖于由无机盐所构成的晶体渗透压和蛋白质所构成的胶体渗透压，因此，女性朋友应注意配置合理的饮食营养结构，多补充含骨胶原、黏多糖、卵磷脂、维生素、矿物质丰富的食品，以改善皮肤的营养，增强皮肤的储水能力。

3.喷点儿水、抹点儿油

要想皮肤鲜嫩，就必须保持湿润。在干燥的季节，尤其是那些长期在空调环境中工作和生活的中年女性朋友，除了必须多饮水，还应在房内放上一盆水或启动空气增湿器，以增加室内的湿度，并每隔数小时给皮肤喷点水，使皮肤始终处在一种较为湿润的状态。也可用如营养水、蜜、奶液、冰晶等水液类护肤品来补充水分，因为此类护肤品中多含有营养保湿成分，而能增加和改善皮肤的含水量。此外，还可适当选择使用一些含油脂量较高的冷霜类护肤品，虽然它们不能直接补充皮肤中的水分，但可减少皮肤表面水分的挥发。

4.洗个澡

很多中年女性往往比较重视面部皮肤的护理和保养，而常忽略了对身体其他部位皮肤的护理和保养。如眼部皮肤、四肢的皮肤等。而沐浴正是一种良好的全身护肤美容手段。沐浴能促进肌体的血液循环和新陈代谢，增加皮脂和水分的分泌，如再配合皮肤的营养，还可柔软老化的肌肤，防止皮肤的粗糙和衰老。浴后应采用植物精油进行全身的皮肤按摩，一方面涂抹能将皮肤表面的水分密闭封藏起来，另一方面手法按摩能消除神经的紧张、促进血液和淋巴循环，使肌肤充满活力。

清晨补水有方法

许多中年女性把起床后饮水视为每日的功课,认为它能润肠通便,降低血黏度,让整个人看上去水灵灵的。其实,早餐补水也要讲究原则,不可滥补。早晨补水忌盐,煲的浓浓的肉汤、咸咸的馄饨汤都不适合早晨,这只会加重早晨时身体的饥渴;消瘦、肤白、体质寒凉的人,早晨不适合饮用低于体温的牛奶、果汁或冷水,可以换作温热的汤、粥;鲜榨果汁不适合早晨空空的肠胃,即使是在夏季也要配合早餐一起饮用。

PART 2　积极防治，让病痛一扫而光

▼ 女性病：必须要摆脱的烦恼

女性到了更年期，由于卵巢功能下降、雌激素急剧减少带来的连锁反应，罹患女性病的概率大大增加。而其中的大多数病症都是不可逆转的，必须做好预防和护理工作，才能给将来的老年生活打下健康的基础。

预防外阴炎和外阴瘙痒

女性的外阴与肛门、尿道邻近，经常受到阴道分泌物、尿液和粪便的刺激。更年期女性体内雌激素水平下降，导致外阴萎缩或皮肤变薄，自洁力下降，容易因损伤、过敏而发生瘙痒和炎症。

预防外阴炎和外阴瘙痒，需要注意个人卫生，勤洗勤换内裤，保持外阴清洁干燥；内裤要选用大小合适、柔软、吸水的棉制品，不要穿化纤织物内裤；选择胯部宽松的裤子，不穿紧身裤，并用及膝的丝袜来取代长的丝袜；尽量减少对外阴的刺激，忌用开水泡烫，避免使用有刺激性的肥皂、沐浴露洗澡，近几年来市面上已经出现阴部专用的日常清洁剂，不妨询问你的医生或专业药师；严禁搔抓，以防抓伤皮肤引起继发感染；此外，及时到医院检查和治疗也很重要。

如果外阴和临近的尿道出现不适感,下面这道茶饮也会有所帮助。

金银花茶饮

材料:金银花250克、甘草50克

做法:1.加上材料总重量10倍的水,大火煮开后用小火煮1小时。

2.过滤取汤汁。一半服用,一半擦拭。

服用:每次半杯当茶喝,时间随意。

擦拭:小杯冷的汤汁,加上一点儿盐,用纱布或棉布蘸汤汁,轻轻抹阴道口。每次尿完都要擦拭。

叮咛:1.每天早上要走路运动,保证睡眠充足。

2.患病期间不可吃猪肝。

3.若按照这一方法,3~4日即可见效。症状好转一个星期后才可以游泳和泡温泉。

警惕外阴变白

有些女性在更年期出现外阴变白,这是女性外阴皮肤、黏膜因为营养障碍导致色素改变的疾病。它的主要症状是外阴瘙痒,外阴皮肤和黏膜变得粗糙、肥厚,或者变薄、干燥易裂,失去正常光泽而变白。症状严重的会影响性生活和排尿。

外阴营养不良有一定的癌变率。因此,如果更年期女性有类似症状出现,不论瘙痒与否,都应当到医院做进一步的检查。

及早诊治阴道炎

女性绝经后卵巢功能衰退,体内雌激素水平下降。缺少雌激素的滋润,阴道黏膜就会萎缩,阴道壁变薄,上皮内的糖原减少,阴道内酸性环境减弱,局部抗菌能力大大下降,几乎完全丧失了阴道的自洁作用,因此性交后容易引起浅表创伤,导致病菌入侵和繁殖而引发炎症。

阴道炎患者常见外阴瘙痒、白带增多，有异样的形状或气味，严重者可能伴发尿频和尿痛。更年期女性如果出现上述症状，应及早到医院诊治。

除了要注意外阴清洁之外，在性生活时可以使用阴道专用的润滑剂，有助于防止创伤出现。

"挡不住"的尴尬——尿失禁

停经后女性最常出现的是应力性尿失禁，主要原因是雌激素缺乏导致尿道黏膜萎缩，膀胱及尿道四周的支持组织松弛，封闭尿道的力量变弱。每当咳嗽、跳跃、提重物、大笑、下楼梯等腹压增加时，就会出现漏尿的现象，可以借由尿垫试验或尿道压力检测而检查出来。

凯格尔运动，也就是大家常听说的骨盆底收缩运动，有助于更年期女性摆脱尿失禁的困扰。它的基本动作是：在小便时忽然"刹车"，停住尿流，此时能感觉到会阴处有一群肌肉和肛门口的收缩。每天至少做3回合，每回合的每个动作，包括躺、坐、站等不同姿势，各做20次以上，每次收缩5秒钟然后慢慢地放松，等5秒钟之后再重复收缩。

更年期女性还需要注意：平时不要憋尿，一有尿意就马上去排尿，排尿时尽量排尽膀胱的尿液，然后站起来再坐下稍微往前倾再排一次，在打喷嚏、咳嗽、提重物或弹跳时，应事先紧缩括约肌以免尿液外漏；肥胖的人膀胱承受的压力也大，容易有尿失禁的问题，因此更年期女性要控制体重；也可以考虑在医生的指导下补充雌激素来改善尿失禁的问题。

提早发现子宫颈癌

香港明星梅艳芳因子宫颈癌去世的消息，引起不少女性更加重视这个可怕的致命疾病。子宫颈癌是指在子宫下端宫颈口附近发生的癌瘤，它是女性生殖器官最常见的恶性肿瘤之一，且发病率随着年龄的增长而显著升高。

早期的子宫颈癌往往没有明显的症状，最早出现的症状通常是性交后有少量出血，或已绝经后出现不规则出血，阴道排液异样并伴有异味。晚期则会出现严重持续性的腰骶部及下肢肿胀、疼痛、外阴水肿、腹壁水肿等。

子宫颈癌前病变发展成子宫颈癌是一个较为漫长的过程，而且在癌前期或早期癌是很容易治疗的，因此把握住预防时机是十分重要的。

可以通过子宫颈抹片检查及早发现子宫颈癌，子宫颈抹片又叫宫颈涂片、宫颈刮片，是子宫颈癌普查的方法，能发现子宫颈癌前病变和早期宫颈癌，且简便易行。女性在第一次性生活后最好就开始并定期（如每年一次）做抹片检查。

年过40，小心子宫内膜癌

子宫内膜癌是指子宫内膜发生的癌变，又称子宫（体）癌，是女性生殖道常见的三大恶性肿瘤之一。子宫内膜癌多发生在50岁以上的女性身上，但近年来，它的发病率逐年上升，发病年龄也逐渐年轻化。

阴道不规则出血是子宫内膜癌最主要的症状。到了晚期可能出现疼痛、消瘦、发热及全身衰竭等症状。

如果在更年期阴道异常出血，特别是患有肥胖、高血压、糖尿病或有家族病史的女性，千万不要大意，应赶快去医院就诊。有些女性已超过55岁还没有停经，也要提高警惕，到医院进行检查。子宫内膜癌是一种激素依赖型的疾病，所以更年期女性不能滥用激素疗法，必须在医生指导下酌情使用。定期检查也很重要，女性最好能从40岁就开始定期检查，高危人群尤其要注意这一点。

发生在更年期的功血

功能性子宫出血，又称功血，是神经内分泌调节系统的功能失常而引起的月经紊乱和出血异常，可分为无排卵型与有排卵型两类。

更年期功血多为无排卵型功能失调性子宫出血，简称无排卵出血，是下丘脑-垂体-卵巢功能失调所导致的子宫出血。

进入更年期后，卵巢功能衰退，卵泡减少，不排卵或偶有排卵，或虽有排卵但黄体形成不佳，此时雌激素分泌减少或不稳定，失去周期的正常规律性，影响子宫内膜而引起功血。

更年期功血的症状包括：月经周期紊乱；经期长短不一，或1~2天，或10余天，甚至数月不止；经量多少不一，多者有血块涌出，时间久了会发生贫血，少者出血淋漓不断，甚至呈点滴状出血。病程中以月经量多为主，常伴有面色苍白、疲乏无力、头晕眼花等症状。

当更年期女性出现阴道不规则流血时，要及早去医院检查，以免耽误病情。可以通过常规的妇科检查、子宫抹片及超声波检查来确诊。

在治疗前必须排除妊娠、子宫内膜癌、子宫内膜增生、子宫肌瘤、炎症和宫内避孕器等因素引起的子宫异常出血。

由于许多因素如精神过度紧张、恐惧、忧郁、环境和气候的骤变及其他全身性疾病，都可能通过大脑皮层中枢神经系统影响人体对内分泌系统的调节，引起功血，因此更年期女性在平时要保持愉快的心理状态，重视气候保健，注意饮食卫生，避免生冷酸辣等饮食刺激。

▶ 腰疼不是病，疼起来却要命

俗话说："腰疼不是病，疼起来却要命。"

许多年纪上了40岁的女性，由于长期以来的工作原因，再加上年轻时的不注意，导致了现在的腰不太好。

所以进入中年以后，每一位女性都应当好好对待自己的腰，要长期进行腰部的锻炼。

腰部锻炼有多种方式，在这里主要讲的是腰部的一种锻炼操，分为站立位、仰卧位、俯卧位等。

仰卧抬臀法

这种锻炼方法也叫仰卧位，也就是每天早晨或晚上仰卧在床上，双肘撑于床面，双膝微屈，头置于枕上，此时背部肌肉以及臀部肌肉和大腿后侧肌肉用力收缩。要做到挺胸、抬臀像拱桥的形状，这样保持一分钟左右，回复平躺状态，如此连续做十次左右，坚持下来，就会收到良好的效果。

俯卧位

俯卧位又称飞燕点水。每天早晨或晚上睡在床上使身体呈俯卧位，双下肢伸直，双上肢置于体侧，掌心向上，此时腰肌、上肢肌及下肢肌同时用力收缩，尽量使上胸及下腹部离开床面，这样保持半分钟左右，然后放松休息一会儿，再继续做，连续十次左右。

当然，生活中锻炼的方法很多，有没有适合腰椎脱落或移位的锻炼方法呢？答案当然是有的。如果这个时期的女性患有腰椎向后滑脱、移位等腰部疾病，那么可尝试以下方法：

先仰卧在床上，再尽量屈膝，双手交叉抱住双膝至胸前，使腰椎呈屈曲状，在家人的辅助下来完成。家人的具体操作是：用一只手托住病人两脚的底部，另一只手托住病人颈背部，在双手用力的同时，嘱病人配合用力，做前后滚动十到三十次，然后用力屈伸下肢三到五次（注意初次做时一定要在家人的配合下才能做）。这样坚持锻炼几次后，患者也可自行练习这样的"滚动操"，练功次数应从少到多，从轻到重，逐渐加大运动量，切忌急于求成。开始练的时候，腰部可能会出现胀痛的感觉，但不必担心，两三天后就没事了。

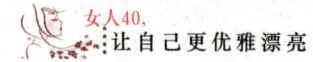

另外,腰椎滑脱症的女性,平时要避免劳累及负重,锻炼时要做到循序渐进、持之以恒,不能三天打鱼两天晒网,如果能坚持数月或数年,对腰背肌劳损、腰椎间盘突出症、后关节紊乱症、肥大性脊柱炎、腰椎滑脱症等毛病均可起到良好的防治效果。不过,女性在妊娠期和月经期不能做这样的锻炼,以免带来不必要的麻烦。

正常情况下,人的腰椎和腰肌共同支持着上身的体重,并维持脊柱的活动功能。当腰椎滑脱形成结构上失衡时,通过腰背肌锻炼后,可形成强有力的腰背肌"腰围",从而代偿和支持了椎体的负重功能,并最大限度地发挥了脊柱活动的生理功能。可见,加强腰背肌锻炼,可加速新陈代谢,改善血液循环,增加腰肌的弹性及力量,对防治腰痛有着举足轻重的作用。所以,建议四十几岁的女人平时要做到"两多",保养腰部健康就没问题。"两多"即平时多注意收集身边相关的信息,多锻炼和保养腰部,便可轻松愉快地享受生活的乐趣了。

▼ 骨质疏松症,不要来找我

进入中年的女性,由于大量的钙质从骨骼中慢慢流失,激素分泌也在大大减少,这样无疑是对更年期的女性雪上加霜。本来到了更年期的女性,身体各方面的功能都在逐渐衰退,骨量的减少更加大了这个时期女性患骨质疏松症的概率。

虽然中年女性不断地从各种营养中吸取了不少钙元素,但是专家建议,进入中年的女性最好及早到医院检查和预防,通过医生的建议和评估,大概推算一下自己患病的风险值,同时一定要按照医生的嘱咐,接受一些药物的预防和治疗，确保安然度过这个"是非"阶段。

需要特别注意的是，进入中年的女性，要仔细地观察和感受生活中自己身体变化的点点滴滴。诸如，平时只要做一点儿事情，腰和背就会感到酸痛；睡觉的时候小腿不断地抽筋，即使夏天也如此；无理由地出虚汗等。这些都是骨质疏松的前期预兆，如果出现了一定要及早预防并加以治疗。如果不重视，后果则不堪设想，逐渐发展只会越来越严重。比如，会很容易出现骨折（外伤性，自发性）和骨裂等，使人的生活和行动极为不便，产生许多不良的影响，甚至导致生活不能自理。最严重的是股骨胫骨折（又称老太婆骨折），则会长期卧床，50%生存下来的人大多数都会有或轻或重的残疾。

形成骨质疏松症的原因有很多，但主要是由于绝经后雌激素水平下降，影响了骨的代谢所造成的。女性到了中年，骨骼外面那层坚硬的皮质变得又薄又脆，使骨髓中的骨小梁变得越来越稀、越来越松，所以容易产生疏松的症状和骨折。

骨质疏松在初期的症状并不是很明显，有时会出现全身骨痛和无力，特别是腰部、骨盆、背部的持续性疼痛，许多人误以为是腰椎的问题，这可千万不能马虎。因为女人的骨质一般从30多岁就开始流失，肌体对骨质中的主要成分钙质的吸收能力逐渐减弱，等到真正发生骨折之类的事情时，身体早已经流失了三分之一以上的骨质，所以建议女性同胞，要定期做一个骨密度的检查，从而清楚地得知自己身体的状况。

人到痛时方恨晚，进入中年的女性，应从生活的点点滴滴入手，平时多加锻炼，保持心情开朗，拥有健康的体魄便是很容易的事了。

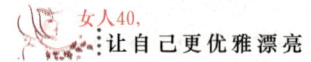

▶ 有哪些女性健康杀手

谨防卵巢癌

女性年龄越大发生各种生殖系统肿瘤的机会就越多。尤其是40岁以上的女性，更要提高警惕，提防卵巢肿瘤的发生。卵巢癌在女性生殖道恶性肿瘤中的发病率排第三，死亡率却居第一，而且各个年龄段都可能发病。

卵巢很小，位于盆腔深部，有很大的隐蔽性，不易查到。卵巢癌早期可能没有明显症状，或表现为腰腹部疼痛、腹胀、腹部肿块及腹水等，晚期则表现为消瘦、严重贫血等。卵巢癌可能与遗传和家族因素、饮食中胆固醇含量高以及排卵对卵巢上皮的损伤等因素有关。

家族中患有卵巢癌的高危女性在避孕时不宜口服避孕药，以减少卵巢肿瘤的发生。在饮食上尽量避免高胆固醇的食物。如果更年期女性出现原因不明的腹部不适，要警惕并及早去医院检查。

由于卵巢癌可以在一至两个月之内迅速发展，因此卵巢癌的高危人群应半年检查一次，正常人群每年检查一次。

自查乳房，预防乳腺癌

乳腺癌是女性最常见的癌肿之一，在许多地区，它是第一大妇科肿瘤，而更年期女性正处于乳腺癌的高发阶段。不过，女性乳腺处于体表，如果勤于检查，乳腺病易于早期发现并及早治疗，而且早期检测和治疗的治愈率非常高。

女性在月经期结束后三四天到一个星期左右，乳房比较柔软的时候，夜间平卧及洗澡时就可以自我检查，观察乳房外形、乳头的改变。

如果发现有异常，如乳头溢液、凹陷、溃烂，或者乳房皮肤轻度凹陷、增厚变粗糙、毛孔增大等，很可能就是乳腺癌的症状，不能放任自流，或私自服用药物，必须及时做正规系统的治疗。如果在腋窝处发现肿物时也应及时就医，因为腋窝淋巴结是乳腺癌最早的转移部位。

除自检外，30岁以上的妇女，最好每年去医院检查一次；40岁以上的妇女，每半年检查一次，以防患于未然。

乳房自我检测的步骤

①站在镜前，双手垂下，看看乳房外观是否正常？外形及大小是否对称？乳房有无凹陷、皮肤有无褶皱、隆肿或变色？乳头有无变形、溃烂或凹陷？轻捏乳头，有无分泌物？再检查腋下，有无淋巴结肿？然后再将双手高举过头做一次。

②面对镜子举起单手，另一只手用指腹以螺旋画圆方式，仔细按压乳房的每一部分，看看是否有硬块，以此法左右互换检查。

③仰卧床上，可以用枕头垫在右肩下，举起左手，左手的手指并拢伸直，轻压右边乳房做小圈状按摩（至少按摩3圈），从锁骨向下检测，腋下、两边乳房都不要漏掉，留意是否有不明可移动肿块（不管痛或不痛）。依照上述方法，改用右手检查左侧乳房。

▼ 女人，有些"福相"要不得

许多年纪上了40岁的女性会发现自己现在比以前"福相"多了，年轻时候的她们可是公认的好身材，现在可不行了，腰身等各方面都比以前增了好

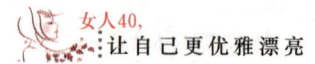

几圈，回顾之余多少有点怅然若失，但更多的是欣慰和幸福感，作为女人若不经历这样"发福"的时期，恐怕才会令人遗憾。

女人一生当中有三个发胖的时期，即青春期、孕产期和更年期，但更为明显的是女人的更年期。因为这个时期女人的卵巢功能衰退，雌激素分泌减少，再加上新陈代谢障碍，热量需要减少，以及人体组织细胞的减少等各方面的因素，都让女人体内的脂肪一天天地多起来。随着年龄的增长和体力的下降，自然而然活动的时间就相对减少了，但人体每天摄入的热量还不减当年，所以体内的脂肪逐渐增多进而引起肥胖。

随着人们生活水平的提高，中年女性食入的高脂肪类食物也渐渐多起来，再加上饮食不够节制或营养过剩等原因，女人不胖是不合乎常理了。

对于这个年龄段的女性，胖不是关键，最关键的是要胖得合理。年轻时期活力充沛，再加上经常性的在外奔波，保持"苗条"的身材是理所当然的。但经过了生活的风风雨雨，女人到了中年，也该享"福"了，但"福"不能过头（一般超过正常体重20%的则被认为是肥胖），否则就会引来疾病缠身。

肥胖对健康有许多的不利，比如，肥胖可致机体免疫力下降，诱发高血压、心血管病、动脉硬化、糖尿病、结石以及肺功能不全等疾病，而所有这些疾病都是高危病。对于女性来说，更重要的是肥胖让她们的身材走样，从而让她们失去自信，也许女人天生就是为美而来，当然也会为美而去，但是到了中年以后，不能保持"唯美"的身材是很令人苦恼的。因此，作为进入中年的女人，首要任务是把减肥当作生活中的重中之重来加以重视，不让它有机可乘。

那么该如何应对肥胖呢？

一是饮食结构要合理，营养要适当。当身体有发胖倾向时，应适当限制摄入热量，主要是限制糖和脂肪的摄入。平时多吃些蔬菜、杂粮、瘦肉、豆制品等。

二是要适当的运动。如中速骑车、跑步、打羽毛球等，每天坚持30分钟以上的运动对身体大为有益。

三是坚持不懈，持之以恒。进入中年的女性，只要坚持合理的锻炼，就能收到较好的效果，拥有健康的体魄。

男人"发福"是权力和财富的象征，女人"发福"就是魅力失去的开始。那么，从现在起就行动吧，让自己的身材保持苗条健康是魅力永存的关键所在。

▼ 40岁以后，要守护好自己的心

人到中年，许多女性朋友都特别担心自己会得乳癌或子宫颈癌，但实际上，每年死于心脏疾病的女性人数要超过死于乳癌、子宫颈癌、胃癌与肺癌的人数的总和。女性心脏病往往以非典型症状出现，难以诊断。心脏病最常见的症状是压迫性的胸疼。这个症状在男性患者当中比较普遍，而一般女性患者所显示的症状很可能与男性的不同，如女性心绞痛的症状就不同于男性。男性通常是胸口痛得像被火烧伤，或感到有石头压迫而透不过气来，从胸口痛到手臂，伴随呼吸急促或冒冷汗。女性则很少或没有胸口痛，有时只是像肚子痛或便秘，呼吸短促或呼吸困难，肩膀、手臂或全身痛或发软，感到恶心甚至呕吐，有时也只是觉得疲惫，全身都不舒服。因此一些女性常常因为没有得到应有的注意而使病情变得十分严重才去看医生。

目前对医生来说，准确而快速地诊断出女性的心脏血管疾病还相对困

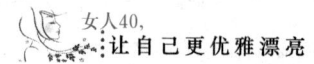

难。女性的心脏病不但诊断比较棘手，治疗起来也困难些。

一般情况下，如果心脏病发作，女性往往比男性严重。女性一旦患冠心病，不仅死亡率比男性高，心脏病再发的比例也比男性高得多。根据卫生部门的统计，女性进行冠状动脉搭桥手术的失败率与并发症都比男性高。因此对于这样一个隐蔽而严重威胁生命的疾病，应该引起女性朋友的高度注意。

面对心脏病，女性应采取怎样的养生策略呢？

抛开无法控制的遗传因素，要远离心脏病威胁，就要改变生活方式。不抽烟、多运动、饮食中不要有太多脂肪，供给心脏营养的冠状动脉，就比较不容易产生沉积脂肪，发生阻塞，心脏病就不易发作。40岁以后的中年女性朋友，尤其是当母亲的人，首先应该改掉担任餐桌上清洁队员的习惯。如果餐桌上吃不完的，都进了你的胃里，久而久之，你的胆固醇、血脂就会节节高升。

常运动可以增加心脏功能，血管不易阻塞。而且运动能够促使身体制造另外一种好的胆固醇（高密度脂蛋白胆固醇），可以清除动脉壁上所沉积的坏的胆固醇（低密度脂蛋白胆固醇），减轻管壁硬化现象。而运动少，似乎也是许多中年女性共同的问题。散步、做家务，不能算是对心脏有帮助的运动，必须要运动到微微流汗，每星期至少3次，每次至少30分钟。

PART 3　女性如何平稳度过更年期

▶ 不可忽视的女性更年期

人生是一个循序渐进、不断变化发展的过程，不同年龄段有着不同的生理特点和身心特征。更年期是一个医学名词，指的是人由成年期向老年期过渡的一个时期。男人和女人都存在着更年期，但由于男人、女人的生理特点不同，女性要比男性早进入更年期，而且女性的更年期症状要比男性明显得多。

女人在45~55岁，就会出现一些异常的反应：一会儿心慌胸闷，一会儿头晕眼花，一会儿脸红出汗；血压忽高忽低，心情就跟荡秋千似的——忽起忽落、激动易怒、焦躁不安。而且疑心重、失眠多梦、食欲不振、记忆力减退、思想不集中、心里想的和嘴上说的会"分家"、腹胀腹泻、便秘、水肿。性格也变得不让家里人喜欢，孩子嫌你啰嗦，丈夫嫌你唠叨，给人的印象是你总是疑神疑鬼、神神叨叨。这些就是更年期综合征的表现。

更年期的到来，在影响女性生理的同时，对其心理的影响更大。许多进入更年期的女性整日为了自己的衰老而忧心忡忡，再加上繁重的家务、工作的压力，常会胡思乱想，忧郁烦躁，甚至悲观厌世，给自己和家人带来很多困扰。

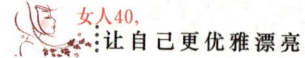

更年期女性有哪些变化

进入中年以后,女人的肌体会随年龄增长而开始衰退。卵巢首先衰老,卵巢作为女人的一个重要器官,在生殖内分泌活动中起着极为重要的作用,在生育年龄时具有周期性排卵和分泌雌激素的功能。四十几岁的女人卵巢功能从旺盛逐渐走向衰退,同时,卵巢对来自大脑中枢促性腺激素作用的感应性也下降,卵泡的发育常不能达到成熟的阶段。此时卵泡虽还能分泌一定量的雌激素,但其产生量逐渐减少,这就造成了凡是具有雌激素受体的组织都会由于雌激素不足而发生一系列退行性变化,从而产生一系列表现。

月经的变化

女人在中年期最显著的变化是月经的改变,通常有三种形式:月经突然停止;月经间隔时间长,月经量逐渐减少,以至停止;月经不规则,间隔持续时间长短不一,月经量不等。当雌激素减少到不足以引起子宫内膜增生的水平而发生闭经时,女人就进入了绝经期,同时丧失生育能力。据调查资料显示,我国城市女人平均绝经年龄为49.5岁,农村女人为47.5岁,95.8%的女人绝经发生在45~55岁。

卵巢的变化

绝经期前的女人卵巢内常有发育程度不同的卵泡,但可能无黄体。绝经后女人的卵巢逐渐萎缩,体积减小至育龄女人的1/3~1/2,表面褶皱不平,质地变硬,成为一个纤维组织,卵巢内已见不到卵泡,或者仅剩个别退化或不发育的卵泡,其分泌的雌激素数量明显降低。但是卵巢内间质细胞增生,而这些细胞仍具有分泌雄激素的功能。因此，绝经后女人体内雄激素与雌激素的比值增高，故临床上常可见到面部多毛的现象。

子宫的变化

绝经期前的女人虽然仍有月经，但已停止排卵，子宫内膜长期接受单一的雌激素刺激，缺乏孕激素的对抗作用，故易出现内膜增生。绝经后女人体内雌激素水平低落，子宫逐渐萎缩，重量减轻。但是一旦有机会重新接触雌激素和孕激素时，仍然可引起增殖、增生或分泌改变，从而可引起子宫出血。此外，四十几岁的女人子宫颈亦逐渐萎缩，分泌物减少，颈管可变短、变窄甚至堵塞。

外阴的萎缩

四十几岁的女人在绝经2~3年后外阴逐渐萎缩。首先是阴唇皮下脂肪减少，弹力降低，阴毛脱落，变稀疏，大阴唇薄平，小阴唇缩小。随之阴道口的弹性也减少，扩张性差，前庭大腺的分泌物由少到无，这将导致性交时阴茎插入时的不适和困难。

阴道黏膜的萎缩

表现为阴道黏膜上皮细胞萎缩，表层细胞脱落，余下的基底层细胞不再生长，变得菲薄脆弱，易受感染。黏膜上皮的渗出液由酸性变为中性，降低了阴道原有的抑制细菌生长的能力。尤其当厌氧菌大量出现时，容易产生各种阴道炎症。

乳房的变化

乳房是女人性器官的一部分，虽然远离子宫和卵巢，却是雌激素依赖组织。随着年龄的增加，乳房组织，尤其皮下脂肪也在逐步萎缩，使乳房下垂并失去张力，不再高耸，当然更不会有分泌功能。若仍有分泌物，则可能有病变，需及时进行检查。

尿道黏膜的萎缩

尿道黏膜随着雌激素的减少逐渐萎缩、变薄，往往在尿道口呈现一圈微血管，或者尿道黏膜外翻。尿道的横纹肌张力减退，容易出现尿失禁现象，特别是在咳嗽、喷嚏或腹压增高时尤为明显。

中枢神经系统的变化

中枢神经系统，尤其是自主神经系统的功能，也会因多种内分泌的变化而出现短时或轻或重的异常变化。特别在原来自我控制能力较差，或者反应比较敏感及强烈的女人，容易产生一时难于协调的行为或感觉，严重时甚至与精神病发作难以区分。

体态的变化

人体在中年开始出现脂肪组织分布的改变，不可避免地会有一定程度的老年人的特征，如身材变粗，腰围线条消失，腹肌张力减弱，大腿皮下脂肪加多，面部皱纹增多，唇上下细毛也增多，皮肤干燥瘙痒和出现色斑等。

其他方面的变化

女人的许多器官借助盆腔内韧带的牵引及盆底肌肉筋膜而维持在正常的位置。绝经后由于雌激素分泌减少，盆底肌肉和盆腔韧带及结缔组织的张力与弹性下降，盆底变得松弛，可能会出现子宫下垂、膀胱膨出、直肠脱垂等现象。

女人要以平和的心态看待自己进入中年期的生理变化，并采取相应的保健措施，定期体检，主动接受妇科检查，以便及早发现隐患，及早治疗，使自己能保持青春魅力，有一颗年轻的心。

第六章 为健康买单，维持女人持久活力

▼ 跨过绝经那道"坎"

绝经是生命过程中的一个自然阶段，意味着衰老的开始，但是绝经绝不是一种"病"，也不是什么"雌激素缺乏性疾病"。

女人超过40岁，就开始感觉到"绝经"在不时地影响着她们的身体、大脑和精神。虽然绝经并不意味着"死亡"，却是女人心中十分忌讳的名词。面对绝经，她们感到疑惑、恐惧，甚至痛苦，认为自己不再有吸引力了，觉得孤独、无助。

其实所有的女人都要经历绝经这一阶段。绝经是女人一生中重要的转折点之一。绝经前后身上可以出现许许多多的变化，但是每一位女人的体验都是不同的。

我国第六次人口普查表明，我国总人口已超过13亿，其中65岁以上的老人已占总人口的8.87%，显示我国老龄化进程加快。目前我国女性的平均寿命是77.37岁。据专家预测，随着我国社会经济和医疗水平的发展，年龄现在已达50岁的，平均年龄将超过80岁。而我国的平均绝经年龄是49.5岁，与北美、欧洲的平均绝经年龄相似。这样，女人约有1/3以上的时间将在绝经后度过。

人的衰老是不可避免的，而我们研究的目的是延缓衰老，最大程度地保持充沛的精力。

如果你是众多时代女人中的一员，那么你还有1/3的时间将生活在绝经后。面对这一挑战，四十几岁的女人不能消沉，要重新定义自己的角色，先从关心自己做起，有了健康的身体才有能力去照顾家人。所以绝经也是到了

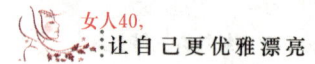

你该评价自己的健康和生活方式的时候了。如果四十几岁的女人对绝经有充分的认识，并及时采取适当的预防措施，就可以有效地阻止或减少绝经相关疾病的发生和发展，使自己在更年期能平稳、健康地生活。

▶ 迎接人生的另一个春天

闭经对女性最直接的影响，就是失去生育能力。对很多人而言，不再有月经就等于是放下了一个重担，在生理上每个月不需再面对生理期的种种不便；但也有些人认为生儿育女是上天赋予女性的神圣使命，失去生育能力是青春的凋零，人生已到夕阳，也不再是女人了，因而感到悲伤或沮丧，这就需要完善的心理建设和自我调适。

其实，停经只代表不再有生育能力，并不是女性魅力的结束。在过去数十年的岁月里，月经伴随着女性的成长，现在不再来经，那是因为它的任务已经圆满达成，所以应该要充满感激，开心送别。

在女性体内隐藏着一股奇妙的力量，这就是医学上所提倡的"女人有三春"的理论：月经生理期、怀孕生产期和停经更年期这三个时期是雌激素剧烈变动的时期，更是女性健康的关键期。如果能在这三个时期进行有效的身心调养，就可以突破瓶颈，改善体质，治疗不适症状，因而可以使原有的疾病痊愈，延缓老化，永葆健康和美丽。如果你已经错过了初潮和坐月子，那么就更要把握住更年期这第三个"回春"的关键。

有些更年期的女性认为自己到了更年期，就不再年轻了，自暴自弃，结果白白错失了让自己重新变得健康美丽的机会。

从另一个角度来讲，更年期是女性开展新生活的契机。到了这个阶段，她们的丈夫事业有成，儿女也已长大，不需再辛苦养育，女性所担负的责任基本完成了。以前都在照顾别人、为家庭打拼，熬到现在，终于可以做回自己，善待自己。由于拥有更多属于自己的时间，有机会去参加新活动，发展及追求自己的兴趣，享受自己想要的人生。

从这个角度出发，可以把更年期看作是一种美好而崭新的生活的开始，你若充满了希望和热情，甚至能够成为你一生中最富有创意的时期。

更年期可以说是女性新的青春的开始。当然在这个时期里，女性在生理和心理上都面临重大的转变，但你要相信，只要做好进入更年期的准备，用对方法，配合适当的保健与治疗，调整生活步调和心态，更年期将会为你开启人生的另一个春天，助你健康愉悦地迎向新生活。

▼ 如何判断是否进入更年期

女性更年期是卵巢功能逐渐衰退到完全消失的过渡阶段，有很多判断的依据，最明显的特征是月经的变化。此外，还能借由身体的其他状况判断是否进入了更年期。

月经改变

想要知道是否已经进入更年期，不妨提早观察并留意月经的状况。在停经之前，受到卵巢功能萎缩、雌激素分泌减少的影响，月经的周期与分泌量都会变得紊乱。建议女性养成记录月经周期的习惯，借由微妙的改变，提早发现身体的变化。

月经周期改变

一般女性在进入40岁后，月经间隔会逐渐改变。月经周期28日者，有时会缩短为21~24日；或者周期超过1个月的人，减短为27~28日。但也有人月经周期延长，可2~3个月没有月经，之后又恢复原样，短期停经与规律行经交替出现。

月经不调

另一个征兆是，有不少人在40岁之后，会突然出现月经状态改变的症状，尤其是平时月经规律的女性会更明显，其实，这正是卵巢功能降低的前兆。

接着，开始出现种种类型的月经不顺，包括行经日数缩短或延长、持续少量出血等，有人月经量减少，反之也有人大幅增加。有时同一人也会同时出现各种症状。

需要注意的是，由于这段期间卵巢功能衰退，经期与出血量较紊乱，这是女性更年期的重要特征之一，但也是多种疾病的症状之一，必须重视。遇到月经不调，而且长时间持续出血、频频出血或不断出血等不正常情况，也有可能是患了疾病。为慎重起见，只要一有上述征兆，都必须接受妇产科的诊疗。同时，由于女性在更年期仍有受孕的可能，如果月经久久不来，也可能是怀孕了，在诊疗时要首先排除妊娠的情况。

发热、潮红现象

有些女性长年经期不规律，就不容易借由月经周期来判断更年期是否来临。另一个判断的方法是，女性在40岁左右，如果会无缘无故出现脸部发热或潮红，以及满头大汗等更年期特有的"热潮红"症状，即可判断是进入更年期了。

头晕、心悸

很多女性都遇到过这样的状况，出现头晕或心悸等症状时，在不知是更年期已经来临的情况下，前往内科就医受诊，却检查不出原因。这常常引起困扰：明明身体明显感到不舒服，为什么就是找不到病因？这时，就要考虑是否进入了更年期。

高脂血症、高血压

如果在健康检查时,发现有高脂血症或高血压的倾向,也要有更年期的准备。因为雌激素减少,胆固醇容易升高,血压也会出现不稳定的状况。只要女性年龄在40岁左右,出现这些症状,就有可能是到了更年期。

个性、行为的改变

有些女性原本性格温柔,开朗乐观,但在40岁左右,个性、行为发生改变,变得多疑、自私、唠叨、心浮气躁、好激动,容易和人起冲突,伴有焦虑、愤怒、悲观等不良情绪。面对这些的变化,也要考虑是否与更年期的来临有关。

▶ 更年期的心理调节

女性更年期的明显标志是雌激素水平减低引起的绝经。这个时期一般在45~55岁。女性的更年期是其生理功能从成熟到逐渐衰退的一个转折期。这一特殊时期,特别需要进行自我心理护理和健康维护。由于绝经前期妇女卵巢功能开始下降,更年期来临后还可能出现不规则阴道出血,并持续到绝经后数年。而且很多更年期妇女可能产生忧郁、绝望无助等心理。

女性更年期的心理表现:

1.更年期综合征

更年期综合征心理状况的变化主要表现为敏感、多疑、烦躁、易怒、情绪不稳定、注意力不集中等。有些患者在情绪激动时,可发生痉挛、气急、抽搐、昏睡等症状。在生理上会出现失眠、多汗、心悸、眩晕、阵发性面部潮红、感觉迟钝、肠胃功能紊乱和便秘等反应，多数患者还有月经紊乱和性功能减退等反应。这些症状会持续较长时间，逐渐消除。但也有部分患者进一步发展为更年期忧郁症或更年期偏执状态等。

2.更年期忧郁症

更年期忧郁症患者的主要症状是焦虑忧郁、紧张不安的情绪障碍。早期多有更年期综合征的表现，起病缓慢，病情逐渐加重，并且病程延长。有的患者虽然智能良好，生活也能自理，但自制力差，会认为世界是空幻，甚至产生某些幻觉。这类患者中严重者可能出现自伤、自杀的企图或行为。还有的患者整天惶惶不安，听到别人有关疾病的言论，便与自己的症状自觉不自觉地对号挂钩，联系起来，怀疑自己生了病，变得更加焦虑，或悲观失望，自怨自责。

3.更年期偏执状态

更年期偏执状态又叫更年期妄想症。它的表现除了具备一般更年期综合征的症状外，突出的症状以嫉妒、被害、自罪、疑病等妄想心理为主，有的还伴有幻觉，且多为幻听。起病势头较慢、病程较长。妄想内容比较固定且与现实环境关系密切，妄想对象多为自己的亲友、邻居等，常主动向周围的人倾诉其内心体验以求得同情与支持。病人在上述妄想、幻觉的支配下，可能产生自伤、自杀、绝食和冲动等行为。

4.更年期精神病

一般认为，人到了更年期以后，肌体代谢与内分泌功能减退，植物神经系统功能开始衰弱或紊乱，此时加上忧郁、紧张等心理负担，就可能诱发更年期精神病。但更年期精神病的病因至今尚未完全认识清楚。

如何应对更年期的心理问题

1.认知领悟疗法

更年期女性应对更年期有一个正确的认识，认识到这是人生的必经阶段。同时，要摒弃低沉的情绪，保持乐观心情，听一些节奏明快的音乐。

2.心理疗法

情感在这个时期要保持女性细腻、温柔的特色，并和性爱交织在一起。夫妻互敬、互爱、互帮，共同度过这个时期。女性情绪要保持稳定，一旦遇到不良刺激或自发不良情绪，要进行抵制和化解。平时应尽量避免情绪产生不必要的波动和起伏，让心理状态平衡在最佳阶段。

3.激素疗法

妇科专家越来越主张用激素替代药物治疗，来缓解患者的各种症状。

4.饮食疗法

更年期女性应注意多食新鲜的蔬菜、水果及含蛋白质丰富的食品，增加足够的维生素。对于出现植物神经功能紊乱症状的女性，在饮食上应注意多吃一些含维生素B_1和烟酸丰富的食物。要少吃甜食、动物脂肪和动物内脏，少吃油炸类食品。尽量低盐饮食，每日盐量限制在3~5克，忌用或尽可能少喝咖啡、浓茶，少吃辣椒、姜等有刺激性的食物。

5.运动疗法

运动的过程可以陶冶性情，而且健康的体质可以减轻更年期各种生理反应。以下是几种适合中年女性身体特点的运动。每日进行1~2次的步行或慢跑，每次1000~2000米，根据身体状况可逐渐增加；每日晨起或傍晚练习太极拳、太极剑等，每次30分钟左右；每日做1~2次广播体操或保健操，每次30分钟左右。此外，还可以根据个人的条件参加一下集体锻炼项目，如乒乓球、台球、羽毛球、门球和保龄球等。通过集体体育锻炼，可以促进人与人之间的相互交流，减轻更年期带来的不良情绪，如心情压抑、沉默寡言、孤独等症状。